数码单反摄影
轻松入门

中国电力出版社
www.cepp.com.cn

内 容 提 要

本书全面讲解了数码单反摄影的方法和技巧，知识点包括认识数码单反相机、数码单反摄影基础技巧、光圈和快门的使用秘诀、摄影镜头的运用、变焦等特殊摄影手法、各种题材的拍摄方法、光与影的应用、灵活使用 RAW 格式和数码暗房润饰技术等，内容详实、讲解细致、通俗易懂，非常适合数码单反摄影爱好者入门。

图书在版编目（CIP）数据

数码单反摄影轻松入门／杨品，罗伟翔编著 . —北京：中国电力出版社，2009.3（2019.11重印）
ISBN 978-7-5083-8430-6

Ⅰ. 数… Ⅱ. ①杨…②罗… Ⅲ. 数字照相机：单镜头反光照相机 – 摄影技术 Ⅳ. TB86 J41

中国版本图书馆 CIP 数据核字（2009）第 011886 号

责任编辑：马首鳌
责任校对：崔燕菊
责任印制：杨晓东

书　　名：数码单反摄影轻松入门
编　　著：杨品　罗伟翔
出版发行：中国电力出版社
　　　　　地址：北京市东城区北京站西街 19 号　邮政编码：100005
　　　　　电话：（010）63412396　　　传真：（010）63412399
印　　刷：北京瑞禾彩色印刷有限公司印刷
开本尺寸：185mm×230mm　　印张：15　　　字数：349 千字
书　　号：ISBN 978-7-5083-8430-6
版　　次：2009 年 3 月北京第 1 版
印　　次：2019 年 11 月第 2 版第 38 次印刷
印　　数：122001—125000册
定　　价：39.00 元

序 PREFACE

经过约一年的共同努力，由捷宝和腾讯网、橡树摄影网联合策划的这本《数码单反摄影轻松入门》暨捷宝（橡树摄影网）官方摄影教程终于在 2009 年新年之际付梓出版了。当本书主编杨品在凌晨四点多钟打电话告诉我这本图书已经写完最后一页的时候，我的心情非常激动，内心充满了喜悦。

早在十几年前，我还在江苏省国画院师承国画大师陈达先生成为其关门弟子时，就对摄影产生了浓厚的兴趣，当时购买了很多摄影技法书籍，但大多都是外国人写的，于是我就想，为什么中国人就很难写出国际一流的摄影技法书籍呢？这个疑问一直萦绕在我心里很多年，也一度曾经想过以一己之力为推动中国的摄影技法书籍的进步贡献一点力量，但后来因为十分偶然的机遇成为一名搏击商海的浙江商人，离当初的想法越来越远。

2006 年在北京的第九届中国国际摄影器材展上，我有幸结识了杨品，当时聊天时，我偶尔跟他提起了十几年前关于出版一本世界一流摄影技法书籍的想法，得到了杨品的强烈共鸣。再后来，杨品也先后编著出版了多本广受读者青睐的畅销摄影书籍，可是在他写书的这一两年时间里也是他收入最少的几年，甚至一度经济非常拮据，我曾问他为何放弃多个年收入约二十万的高薪聘请而闭门写书时，他给我的回答是"我现在的目标就是一定要为中国创作出世界一流的摄影技法书籍，哪怕坐几年冷板凳，哪怕不赚什么钱我也要为这个目标努力奋斗"。

我非常感动于他的执着和奉献精神，也燃起了我心中埋藏已久的创作出一本世界一流摄影技法图书的激情，于是，就有了我们一同策划这本图书的故事。现在，这本书终于问世了，可能将来会有很多读者问你为何敢说这本书达到了世界一流？可能会有很多人质疑你这本书又没有采用著名摄影大师的作品如何能称得上世界一流？杨品给我的回答是"数学博士不一定就比一个中专毕业的小学数学老师更适合给小学生讲课；或者，再以计算机为例，中国顶尖的 IT 计算机图书作者谭浩强，他本质上是一个教育家，所以才能够创作出世界一流的计算机图书教程。我虽然不是摄影大师，但我深信在经过努力之后一定能够实现成为数码摄影界的谭浩强的目标。"我听了，觉得很有道理。

虽然我还是不敢妄言这本捷宝官方教程《数码单反摄影轻松入门》就一定已经达到了世界一流水平，但是我敢说这是一本非常出色的书，它最大的特点就是通俗易懂，能够将生涩的理论知识转化为一看就明白的文字，让初学者很快就能够掌握专业摄影师的必备技能，这本身就是一种了不起的教育教学成就。事实上，杨品之前出版的好几本书也已经得到了摄影图书出版界的诸多赞誉和数以万计读者的充分肯定。我相信，杨品一定会加入"海吉科"和"凯尔比"等世界实践摄影畅销图书的顶尖作者行列之中，让我们再次祝贺他在摄影技法图书领域所取得的新成就。

乐清市创意影视器材公司（捷宝）董事长：陈庆元

目 录 CONTENTS

序

Chapter 01

彻底了解你的数码单反相机   1

1.1 单反相机的工作原理 2
1.2 数码单反相机的光学结构 4
1.3 数码单反相机的电子结构 6
1.4 数码单反相机的摄影镜头 8
1.5 数码单反相机的配件系统 10
1.6 彻底了解三脚架的选用秘技 12
1.7 数码单反相机的绝密武器：RAW 格式 14
1.8 数码单反相机的最新热门功能 18
1.9 本章常见疑难问题解答 19

Chapter 02

彻底掌握数码单反的十大基础摄影技巧   19

2.1 迅速掌握四种最实用的傻瓜拍摄模式 20
2.2 迅速掌握四种富有创意的高级手动曝光模式 21
    2.2.1 P 可偏移程序曝光模式 22
    2.2.2 A 光圈优先曝光模式 23
    2.2.3 S/T 快门优先曝光模式 24
    2.2.4 M 全手动曝光模式 25
2.3 迅速掌握白平衡模式的设置技巧 26
2.4 巧设曝光补偿获得最佳完美曝光 32
2.5 巧用直方图判断曝光正确与否 40
2.6 巧设 ISO 感光度获得最佳画质 41
2.7 巧设 AF 自动对焦点和对焦模式 44
2.8 巧设相片风格参数获得最佳色彩鲜锐度 47
2.9 巧用半按快门功能锁定曝光和焦点 49
2.10 获得最佳成像质量的十大要诀 50

Chapter 03

彻底掌握光圈和快门的搭配秘诀   53

3.1 揭开光圈的秘密 54
    3.1.1 光圈的 F 数值是如何计算出来的 54
    3.1.2 光圈与景深的关系 55
    3.1.3 何谓最佳光圈 56
    3.1.4 何时用大光圈 57

3.1.5　何时用中等光圈 ……………………………………58

3.1.6　何时用小光圈 ………………………………………59

3.2　揭开快门的秘密 ………………………………………60

3.2.1　常见的快门速度 ……………………………………60

3.2.2　必须时刻牢记的安全快门速度 ……………………61

3.2.3　何时使用高速快门 …………………………………62

3.2.4　何时使用中速快门 …………………………………63

3.2.5　何时使用慢速快门 …………………………………64

3.3　光圈优先 VS 快门优先 ………………………………65

3.4　同时控制光圈和快门的典型范例 ……………………66

3.5　光圈和快门设置不当的典型范例 ……………………68

3.6　本章常见疑难问题解答 ………………………………69

Chapter 04　彻底发掘摄影镜头的艺术表现力　71

4.1　摄影镜头的常见专业术语 ……………………………72

4.2　摄影镜头的焦距 ………………………………………74

4.2.1　焦距与等效焦距 ……………………………………74

4.2.2　何谓 APS 数码单反专用镜头 ………………………75

4.3　定焦镜头 VS 变焦镜头 ………………………………76

4.4　专业镜头 VS 业余镜头 ………………………………77

4.5　摄影镜头上常见字符的含义 …………………………78

4.6　鱼眼镜头的选用技巧 …………………………………80

4.7　超广角镜头的选用技巧 ………………………………81

4.8　标准变焦镜头的选用技巧 ……………………………84

4.9　标准镜头的选用技巧 …………………………………86

4.10　人像镜头的选用技巧 …………………………………89

4.11　微距镜头的选用技巧 …………………………………90

4.12　长焦变焦镜头的选用技巧 ……………………………92

4.13　长焦定焦镜头的选用技巧 ……………………………95

4.14　折反射镜头的选用技巧 ………………………………96

4.15　大变焦旅游镜头的选用技巧 …………………………98

4.16　偏振镜片的选用技巧 ………………………………100

4.17　微距近摄镜片的选用技巧 …………………………101

4.18　焦点选择与创意艺术 ………………………………102

4.19　本章疑难问题解答 …………………………………104

Chapter 05　彻底掌握数码单反的特殊摄影手法　107

5.1　追随摄影法 ……………………………………………108

5.2　变焦摄影法 ……………………………………………110

5.3　多次曝光摄影法 ………………………………………112

5.4　全景摄影法 ……………………………………………116

Chapter

06

彻底攻克十大最受欢迎的拍摄题材　　　121

6.1　少女摄影 122
　　6.1.1　拍摄角度的选择 122
　　6.1.2　姿势的摆放 123
　　6.1.3　少女摄影的用光技巧 126
　　6.1.4　少女摄影的构图技巧 128
6.2　婚礼摄影 130
6.3　风景摄影 133
　　6.3.1　草原摄影 133
　　6.3.2　冰雪摄影 135
　　6.3.3　建筑摄影 138
　　6.3.4　风情民俗摄影 142
　　6.3.5　雾霭摄影 144
　　6.3.6　云彩霞光摄影 146
　　6.3.7　日出日落摄影 148
　　6.3.8　航空摄影 150
　　6.3.9　风景摄影的构图技巧 151
6.4　瀑布水景摄影 154
6.5　夜景摄影 156
6.6　花卉摄影 160
6.7　昆虫摄影 164
6.8　鸟类摄影 166
6.9　宠物狗摄影 168
6.10　运动摄影 170

Chapter

07

彻底掌握捕光弄影的构图秘诀　　　173

7.1　摄影构图的十大要诀 174
　　7.1.1　摄影是减法 174
　　7.1.2　将地平线放在 1/3 位置 175
　　7.1.3　被摄主体放在井字格上 175
　　7.1.4　使用对角线构图法增强动感 176
　　7.1.5　巧妙利用前景增加画面气氛 176
　　7.1.6　巧妙利用框架增加空间深度感 177
　　7.1.7　巧妙利用虚实对比 177
　　7.1.8　巧妙利用线条的构成 178
　　7.1.9　使用最少的色彩 180
　　7.1.10　使用对比强烈的色彩 182
7.2　摄影用光的五个要诀 184
　　7.2.1　巧用人工光源 184
　　7.2.2　巧用闪光灯 186

7.2.3 巧用侧逆光 187

7.2.4 巧用逆光 189

7.2.5 巧用影子 192

7.3 巧妙利用拍摄角度的变化 194

Chapter 08 数码单反的绝密武器：RAW格式完全指南 **197**

8.1 RAW 格式的拍摄要诀 198

8.2 使用 Photoshop 处理 RAW 格式数码相片 199

8.2.1 实例一 草原晚歌 200

8.2.2 实例二 多彩的鸟巢之夜 202

8.3 使用尼康 U 点技术处理 RAW 数码相片 204

8.4 使用 ICC 配置文件调整数码相片的色彩 208

Chapter 09 彻底掌握必备数码暗房润饰技术 **211**

9.1 光影魔术手软件的功能和使用 212

9.1.1 裁剪数码相片和制作证件照 213

9.1.2 校正曝光不足的相片 214

9.1.3 校正严重偏色的相片 215

9.1.4 制作日历和添加漂亮的边框 216

9.1.5 使用反转片功能提高色彩鲜锐度 218

9.1.6 快速制作出流行的阿宝色调效果 219

9.1.7 批量处理数码相片和网络发布数码相片 220

9.2 使用 PhotoFamliy 制作动态电子相册 222

9.3 其他图像处理软件新功能介绍 223

附录A 数码单反取景器中的字符的含义 225

附录B 最受关注和追捧的摄影镜头一览表 226

附录C 数码摄影常见疑难问题解答 228

彻底了解你的数码单反相机

本章导读

2000年岁末的时候，最便宜的数码单反相机佳能D30的售价高达4万多元人民币；2009年初春，最便宜的数码单反相机奥林巴斯E-420、佳能1000D、索尼A300、宾得KM等都已经跌入了3000元人民币之内。随着价格的暴跌，过去高高在上不可企及的数码单反早已是"旧时王谢堂前燕，飞入寻常百姓家"。"价格更低，性能更好"是数码单反相机市场发展的永恒真理，本章将从单反相机的原理开始追溯，深入剖析数码单反相机的光学和电子结构，纵览摄影配件、摄影镜头以及当前最热门的最新功能。当然，本章还有最重要的内容就是揭秘数码单反相机的绝密武器——RAW格式。

1.1

单反相机的工作原理

数码单反相机是在传统的单反相机的基础上经过数码化改造而成的，那么，我们就有必要先来了解一下传统的单反相机的历史渊源。

1952 年，日本宾得公司推出了世界上第一台装备了"快速复位反光板"的相机 Asahiflex，在取景和对焦的时候，这台相机的反光板将从镜头进入的光线反射到相机顶部的毛玻璃取景器中；当按下快门的时候，反光板会自动向上弹起，于是成像光线就落在了胶片上，曝光完毕，反光板将立即返回原位。但此时还没有引入五棱镜，因而摄影师在毛玻璃取景器上看到的是一个左右颠倒的影像（有的读者家里可能会有老式的海鸥双镜头 120 相机，它的取景器里面看到的就是左右颠倒的影像），这无疑是非常不方便的。

宾得 Asashiflex 是世界上第一台装备了"快速复位反光板"的相机，此时还没有装备"五棱镜"

宾得 Asashiflex 的毛玻璃取景器上看到的是左右颠倒的影像，非常不方便实际拍摄

宾得 Asahi Pentax 是世界上第一台同时结合了"反光板"和"五棱镜"的单反相机

为了让取景器中看到的不是左右颠倒的影像，1957 年，宾得又率先推出了第一台装备了五棱镜的相机 Asahi Pentax，于是，世界上第一台同时结合了"反光板"和"五棱镜"的相机问世了，这种相机被称之为"单镜头反光式取景相机"（英文全称 single-lens reflex)，简称为"单反"（英文简称 SLR）。

数码单反则是在传统单反的基础上用 CCD/CMOS 影像传感器代替了胶片，它的英文全称是 Digital single-lens reflex camera，简称 DSLR。世界上第一款数码单反相机是尼康公司在 1986 年的德国 Photokina 展会上发布的 N8008，而第一台成功进行商业销售的机型则是 1991 年柯达和尼康联合开发的 DCS100。

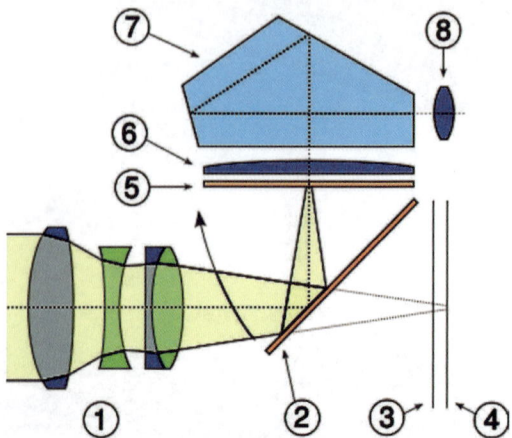

单反相机的必备组件：①摄影镜头；②反光板；③快门；④影像传感器；⑤透明镜片；⑥菲涅尔透镜；⑦五棱镜；⑧取景目视镜片

黑屏 　为什么在按下快门之后取景器内黑乎乎的什么也看不到？其实，这种现象是单反相机所固有的一种现象，被称之为"黑屏"，黑屏时间的长短和曝光时间有关系，也和反光板的回落速度有关系。为了搞清楚黑屏出现的真正原因，我们有必要弄清楚它的工作原理。

在取景构图和对焦的时候，反光板以45°的角度位于摄影镜头和快门之间，它的作用是将从摄影镜头进入的光线反射到五棱镜取景器之中；而当按下快门时，反光板就会立即向上弹起，同时快门也会打开，此时，从摄影镜头进入的光线就落在了胶片或者影像传感器上，这样经过曝光之后就获得了一张相片。在曝光完毕之后，快门关闭，反光板也回落到原来的位置，这样我们就又可以在取景器内看到影像了。

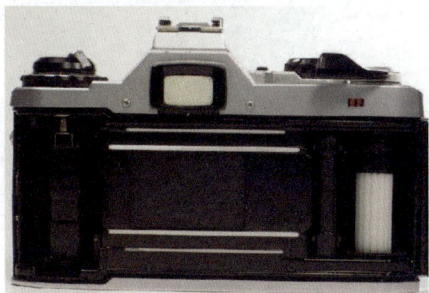

取景构图的工作原理：反光板将从摄影镜头进入的光线反射到五棱镜取景器中，以便我们确认对焦和构图，此时，快门也是关闭的

曝光成像的工作原理：当按下快门按键的时候，反光板将会向上弹起，同时快门也会开启，从摄影镜头进入的光线就落在了成像器件上

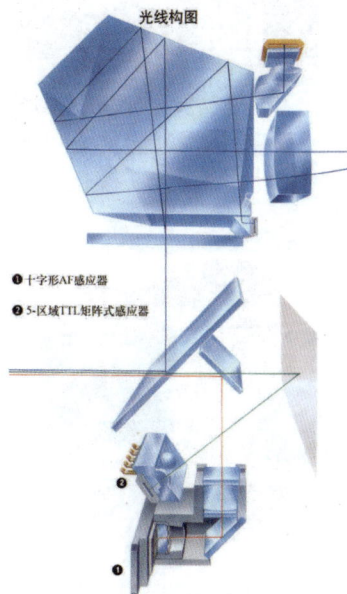

光线构图

❶ 十字形AF感应器

❺ 5-区域TTL矩阵式感应器

自动对焦检测模块就隐藏在反光板下面

反光板的秘密 　既然反光板的作用是将从摄影镜头进入的光线反射到五棱镜取景器，那么，单反相机又是如何实现自动对焦的呢？这个秘密就在反光板上面，原来反光板并不是100%不透光的，实际上，反光板上有一小块区域是半透明的，可以让一小部分光线透过。

当光线从反光板的半透明区域透射过来之后，落在一个副反光板上面，这块副反光板将光线反射到位于机身底部的自动对焦检测模块上。事实上，如果我们把摄影镜头从机身上取下来，就会立即看到反光板，此时，如果你仔细观察反光板的表面，你会发现反光板上面有很多小方块，每一个小方块都对应着一个自动对焦点。

提示

反光板也被称之为反光镜，在本书中统一采用反光板的名字。

1.2

数码单反相机的光学结构

数码单反相机普遍都采用了 45°反光镜配合五棱镜进行反射式取景的技术，所以称之为"单镜头反光式取景"，简称为"单反"（数码单反相机的英文简称为"D-SLR"）。

徕卡数码单反相机机身与镜头

数码单反相机可以使用的摄影镜头品种高达数百种之多

尼康数码单反相机的光学结构图

切割后的尼康 D2x 机身剖面图

尼康 D3 的光学结构原理图

45°反光镜是数码单反相机光学结构中一个必不可少的部件，但是传统的五棱镜却并不是必须要的，在最新的奥林巴斯/松下/徕卡等品牌的数码单反相机上，就已经取消了五棱镜，取而代之的是另外一种新型的实时取景光学系统。正是因为采用了 45°反光镜，数码单反相机才实现了可以更换摄影镜头的功能。

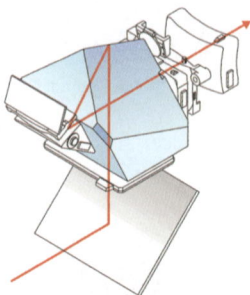

尼康/佳能/索尼等传统厂商在取景器中采用了五棱镜

奥林巴斯/松下/徕卡等新款数码单反相机在取景器中没有采用五棱镜

宾得公司于 1950 年首次在单反相机上使用了五棱镜，此后，五棱镜成为了单反相机的必备要素，一直延续至今。五棱镜的作用是将对焦屏上左右颠倒的图像矫正过来，使取景看到的图像与直接看到的景物方位完全一致

这是尼康 D3 的 AF 自动对焦检测部件，它藏身于 45°反光镜的下方，由于反光镜通常都是半透明的，因而从镜头进入的光线除了被反射到五棱镜供取景之外，还有一部分光线穿过反射镜落在了 AF 自动对焦检测部件上，AF 自动对焦检测技术起始于 20 世纪 80 年代初期

红外线截止滤镜

　　数码单反相机的影像传感器是可以感应到红外线的，为了避免红外线对正常成像光线的干扰，通常都会在影像传感器前面安装红外线截止滤镜。不过，也有极少数数码单反相机没有安装红外线截止滤镜，例如佳能 EOS20Da 就是一款可以拍摄红外线相片的天文摄影用途相机，富士 S5UV/IR 是一款用于医疗和刑事侦查的可以拍摄红外线和紫外线相片的数码相机。

光学低通滤镜

　　摄影镜头的分辨率通常都很高，相比之下，现有的影像传感器的分辨率就显得有点低了，对于低于 1500 万像素的数码单反相机来说，如果直接搭配高分辨率的摄影镜头进行拍摄，往往不能获得高分辨率的相片，而且容易带来彩色摩尔纹等负面影响。因而必须在影像传感器前面安装光学低通滤镜，以便将成像光线中的高分辨率部分予以过滤。

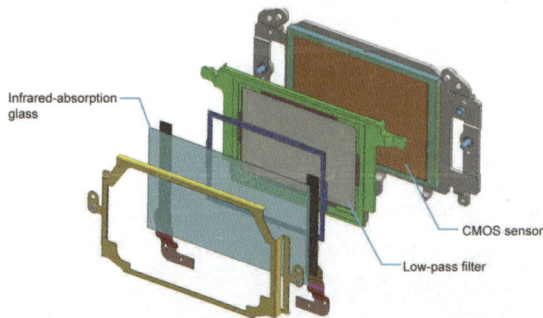

在佳能 EOS 50D 的 CMOS 影像传感器的前面，Low-pass filter 就是光学低通滤镜，Infrared-absorption glass 就是红外线截止滤镜

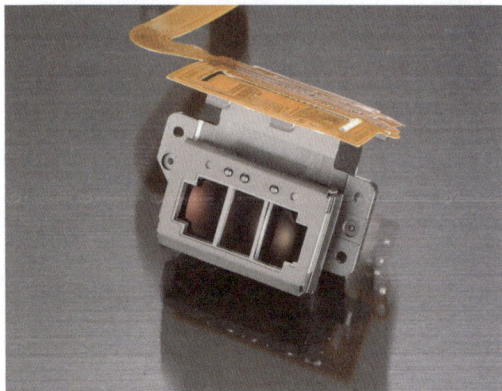

富士 IS Pro（S5UV/IR）是一款没有安装红外线截止滤镜的数码单反相机，它可以用于医疗、刑事侦查、天文等特殊摄影用途

1.3 数码单反相机的电子结构

数码单反相机的核心部件就是影像传感器，影像传感器是一种能够将光线转换为电信号的半导体器件，影像传感器通常分为 CCD 和 CMOS 两大类别。在早些年，CCD 影像传感器占据了大半壁江山；而现在，CMOS 影像传感器则是数码单反相机的主流。

影像传感器能够将光线转换为电信号

一块晶圆可以切割出数片有用的影像传感器

由于影像传感器只能将光线转换为模拟电信号，因此数码单反相机还需要一个专门的 A/D 芯片（模拟－数字转换芯片）将模拟电信号转换为数字信号，继而再利用专门的 DSP 数字信号处理芯片对白平衡、锐度等影像参数进行适当处理，最终获得一张真正的数码相片。

除此之外，数码单反相机的电子结构组件还包括如下关键成分。

（1）内存。这将决定数码相机的连拍数量的多少以及操作速度的快慢，内存的容量越大，速度越快，则相机的连拍数量就越大，操作速度就越快。

（2）液晶显示屏或者实时取景系统。

（3）AF 自动对焦检测和自动对焦驱动机构。通常，佳能将自动对焦驱动机构安装在了摄影镜头里面，而尼康却仍然在机身内保留了自动对焦驱动机构。

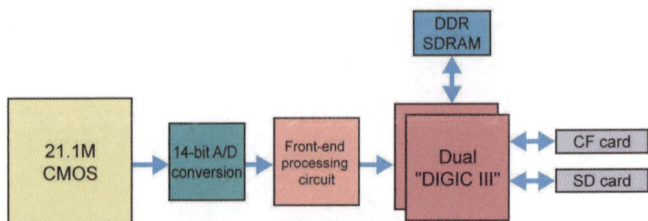

佳能 EOS-1DsMark3 采用了 14 位 A/D 模拟数字转换芯片和两个"DIGIC" DSP 处理芯片，并安装了大容量的 DDR 内存

佳能 EOS-1DsMark3 采用了两颗 DSP 数字处理芯片 (DiGiC 芯片)，可以 5 张 / 秒的速度连拍 56 张 2200 万像素分辨率数码相片

AF 自动对焦检测部件 目前的数码单反相机通常都具备最少 3 个自动对焦点，可以覆盖画面的左侧和右侧区域，即便被摄主体不在画面中心也能够顺利对焦。而较高档的数码单反相机则具备更多的自动对焦点，例如尼康 D3 就具备 51 个自动对焦点。

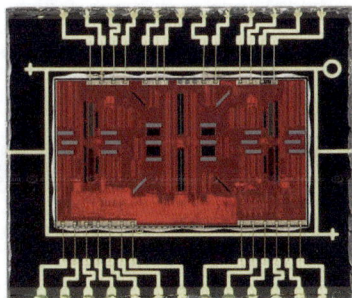

佳能 EOS40D 的九点自动对焦检测芯片

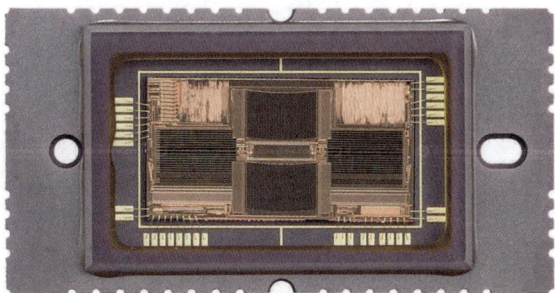

佳能 EOS-1DsMark3 的 45 点自动对焦检测芯片

各厂商的超声波马达英文缩写一览表

品牌	缩写	英文全拼
佳能	USM	UltraSonic Motor
尼康	SWM	Silent Wave Motor
索尼	SSM	SuperSonic Motor
宾得	SDM	Supersonic Drive Motor
适马	HSM	Hyper Sonic Motor
奥林巴斯	SWD	Supersonic Wave Drive
松下	XSM	Extra Silent Motor

AF 自动对焦驱动部件 目前的数码单反相机普遍都采用了超声波马达作为自动对焦驱动机构，而且大多数厂商（例如尼康、索尼、宾得）都在数码单反相机机身内内置了超声波马达。但是佳能却是一个例外，在佳能数码单反相机机身内部是没有超声波马达的，佳能将它安装在了摄影镜头里面，由于每个摄影镜头都根据需要优化设计了超声波马达，因而对焦速度和对焦效率都更快。其他厂商为了追赶佳能的自动对焦速度，也纷纷在摄影镜头里面安装超声波马达。

最近几年，尼康为了节约成本，也推出了几款机身内没有安装超声波马达的机型，例如 D40 和 D40X、D60，它们在使用非超声波马达的尼康摄影镜头时，将无法实现自动对焦。

佳能将 USM 超声波马达安装在了摄影镜头里面（红框内就是 USM 超声波马达）

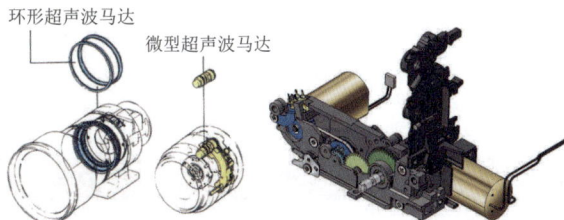

佳能摄影镜头内的超声波马达

尼康、索尼、宾得等数码单反相机机身内部所安装的自动对焦驱动马达

1.4 数码单反相机的摄影镜头

数码单反相机可以使用的摄影镜头品种很多，通常，我们将它们分为两大类：一是定焦镜头，例如 50mm F1.4 就是常见的定焦镜头。二是变焦镜头，例如 18 ～ 200mm F3.5 ～ 5.6 就是最受欢迎的变焦镜头。

对于定焦镜头，我们根据焦距的长短将它们分为鱼眼镜头、超广角镜头、广角镜头、标准镜头、中焦镜头、长焦镜头等种类。例如，对于传统 35mm 胶卷相机来说，12mm 为鱼眼镜头，18mm 为超广角镜头，28mm 为 广 角 镜 头，50mm 为标准镜头，85mm 为中焦镜头，200mm 为长焦镜头。

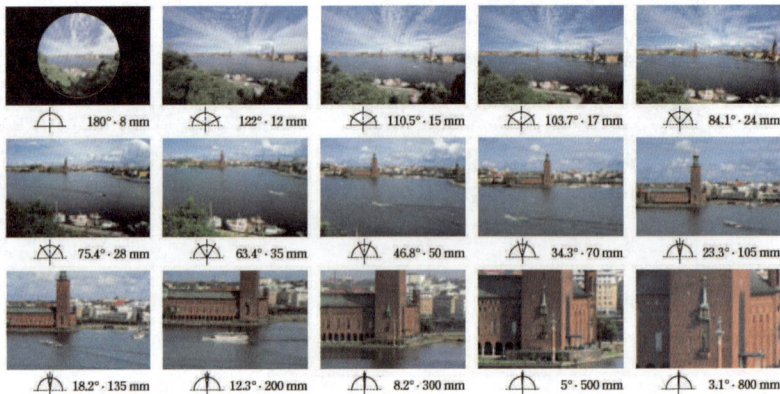

180°·8 mm	122°·12 mm	110.5°·15 mm	103.7°·17 mm	84.1°·24 mm
75.4°·28 mm	63.4°·35 mm	46.8°·50 mm	34.3°·70 mm	23.3°·105 mm
18.2°·135 mm	12.3°·200 mm	8.2°·300 mm	5°·500 mm	3.1°·800 mm

焦距越短则视野越大，焦距越长则视野越小（该图由适马公司提供，拍摄所用的机型为 35mm 胶卷相机或全画幅数码单反相机）

由于数码单反相机所采用的影像传感器其尺寸普遍都小于 35mm 胶卷底片的成像面积，因此当将一款 28mm 镜头安装在目前流行的 APS 画幅的数码单反相机机身上时，它实际上相当于 35mm 胶卷相机上使用约 50mm 标准镜头拍摄到的视野范围。这意味着焦距延长了，焦距延长的倍率就等于 35mm 胶卷底片的边长除以数码单反相机所用的影像传感器的边长。

例如，对于 APS 画幅的数码单反相机来说，它们所采用的影像传感器的面积大小为 16mm×24mm，而 35mm 胶卷底片的成像面积大小为 24mm×36mm，那么焦距延长的倍率就等于 36/24=1.5。再例如对于 4/3 系统画幅的数码单反相机来说，它们所采用的影像传感器的面积大小为 12mm×18mm，那么焦距延长的倍率就等于 36/18=2。

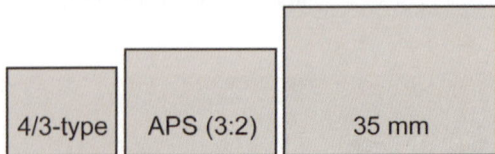

由于影像传感器的尺寸有多种规格，因而焦距相同的镜头在不同规格的数码单反相机上所获得的视野范围就不一样。例如 28mm 镜头对于 35mm 胶卷相机（全画幅数码单反相机）来说是超广角镜头，而对于 APS 画幅的数码单反相机来说却相当于 50mm 标准镜头

常见定焦距摄影镜头的分类表

	鱼眼镜头	超广角镜头	广角镜头	标准镜头	长焦镜头
4/3 画幅	8mm	10、11mm	12、14mm	25mm	60、80、100、200mm
APS 画幅	8、10mm	14、16mm	18、20mm	30mm	100、200、300、600mm
全画幅	15、16mm	18、24mm	28、30mm	50mm	100、200、300、600mm

长焦变焦镜头
50 ～ 500mm F4 ～ 6.3

微距镜头
150mm F2.8

标准镜头
30mm F1.4

微距镜头
105mm F2.8

全能变焦镜头
18 ～ 125mm F3.5 ～ 5.6

长焦变焦镜头
55 ～ 200mm F4 ～ 5.6

标准变焦镜头
18 ～ 50mm
F3.5 ～ 5.6

标准变焦镜头
18 ～ 50mm F2.8

最为常用的八款适马摄影镜头覆盖的焦距范围为 18 ～ 500mm

对于变焦镜头，我们根据光圈是否固定不变将它们分为两大类：一类是浮动光圈变焦距镜头，例如，对于 18 ～ 55mm F3.5 ～ 5.6 这款镜头来说，当焦距设定为 18mm 时，最大光圈为 F3.5；而当焦距设定为 55mm 时，最大光圈则只有 F5.6，也就是说这款摄影镜头的最大光圈会随着焦距的变化而变化。二类是恒定光圈变焦距镜头，例如对于 18 ～ 55mm F2.8 这款摄影镜头来说，无论是使用 18mm 焦距还是 55mm 焦距，其最大光圈都是 F2.8。

通常，浮动光圈变焦距镜头的售价较为低廉，一般称为业余镜头；恒定光圈变焦距镜头的售价较为昂贵，一般称为专业镜头。

浮动光圈变焦镜头　这款尼康 18 ～ 55mm F3.5 ～ 5.6 摄影镜头的最大光圈是浮动的，而且非常廉价（售价约为六百元钱），因而这是一款业余级别的摄影镜头

恒定光圈变焦镜头　这款尼康 28 ～ 70mm F2.8 摄影镜头的最大光圈是恒定不变的，而且售价高达九千多元钱，比较昂贵，因而这是一款专业级别的摄影镜头

1.5 数码单反相机的配件系统

数码单反相机的配件很多，我们大致将它们分为如下几类：①存储类配件，比如说存储卡和数码伴侣，以及微型笔记本电脑；②光学类配件，比如说 UV 镜、偏振镜、遮光罩、闪光灯；③机械类配件，比如说三脚架、独脚架；④无线类配件，比如说 WiFi 无线模块、GPS 导航仪模块。

首先我们来看看存储类配件，目前数码单反相机所使用的存储卡包括 CF 卡、SD 卡、记忆棒等三大品种。在这三种存储卡中，SD 卡是主流。存储卡最重要的性能指标是读写速度，目前高速存储卡的写入速度基本上都超过了 133 倍速（单倍速为 150KB/s，133 倍速约为 20MB/s）。

SD 存储卡通常用"CLASS"级别来表示读写速度的快慢，CLASS2 级别可以达到 2MB/s 的写入速度，CLASS4 级别可以达到 4MB/s 的写入速度，CLASS6 级别可以达到 6MB/s 的写入速度

CF 卡虽然是存储卡的开山鼻祖，但其势头渐渐被 SD 卡超越，颇有廉颇老矣的味道

SD 卡是现在和未来的主流存储卡，物美价廉

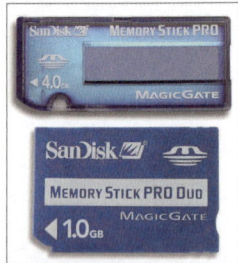

记忆棒是索尼专用，价格较贵而且通用性也较差

现在一块 16GB 的存储卡价格也就 100 多元钱，因而笔者不推荐购买数码伴侣，平时出门，多带几张 16GB 的储存卡就够用了，如果旅行时间较长，那笔者建议购买一款 8 英寸或者 10 英寸的微型笔记本电脑作为数码照片备份之用，价格也就 2000 ～ 3000 元而已。

接下来再看看光学类配件，通常，我们需要选购一块 UV 镜片以起到保护摄影镜头表面不受玷污和刮伤，同时，使用遮光罩可以在室外阳光下拍摄时获得更好的成像质量。

UV 镜虽然便宜，但是却可以起到保护摄影镜头的巨大作用

遮光罩不仅能够使摄影镜头看起来更威风，而且有助于获得更好的成像质量

在我们购买数码单反相机的时候，就已经立下了获得最佳成像质量的决心，可是最佳成像质量是如何获得的呢？手持拍摄无疑比较困难，为了达到最佳成像质量，唯一的途径就是使用独脚架或者三脚架。

捷宝三脚架以其轻便坚固获得了很多专业摄影师的青睐

要想拍摄到柔滑的水景，必须使用三脚架，否则就会出现影像模糊

当数码单反相机配合WiFi无线模块一起使用的时候，可以实现无线传输数码相片的功能

我们再来看看比较新潮的WiFi无线模块和GPS导航仪模块。目前一些高端数码单反相机例如尼康D3或者佳能EOS-1D Mark3，都可以和WiFi无线模块配合使用，这样可以起到遥控拍摄的作用，无论是体育摄影还是野生动物摄影，都是非常好的解决方案。

使用GPS导航仪连接数码相机之后，会在EXFI拍摄参数中写入经纬度信息，然后这些相片就可以导入Google地图

GPS导航仪模块的功能我相信大家都已经耳熟能详了，如果我们在拍摄的同时使用GPS导航仪记录下当时的经纬度信息，则以后我们查找和浏览数码相片的时候，就可以准确的知道当时的拍摄地点了，而且，如果我们会使用GoogleEarth地图的话，您还可以将带有GPS地理信息的数码相片上传到三维地图中，全世界的网民都可以在搜索地图时看到你拍摄的数码相片。

1.6

彻底了解三脚架的选用秘技

为了获得最高的成像质量，我们必须尽可能使用三脚架进行拍摄，三脚架的品牌和种类很多，光是洋品牌就有捷信、曼富图、金钟、竖立等多个品牌，洋品牌虽然有不俗的设计和质量，但是价格也贵的离谱，最近几年，国内有几家原本给洋品牌做 OEM 代工的工厂也推出了自主民族品牌的产品，这些产品的质量是属于世界一流的，价格却比较平易近人。现在以捷宝三脚架为例来谈谈三脚架的选用秘技。

（1）首先我们来谈谈三脚架的材质，目前三脚架的材质主要分为三种：镁铝合金、钛合金、碳纤维。镁铝合金大多都是低档三脚架，比较笨重；钛合金大多都是中档三脚架，比镁铝合金要轻便一些；碳纤维是高档三脚架，非常轻便而且抗震动性也非常好。如果经济条件许可，不妨选购碳纤维材质的三脚架，例如捷宝 GX 系列碳纤维三脚架之中最便宜的 GX-1028 仅售 900 多块钱，非常超值。

（2）其次要选择三脚架的高度，同一个系列的三脚架会有很多型号，这些型号之间的主要差别就是它们的高度了，对于风景摄影来说，最好选择最大高度大于 1.5 米的三脚架，但高度较高的三脚架重量也会稍重一些，在选购时应根据自己的体力量力而行。

捷宝长期为诸多欧美顶级品牌 OEM 制造三脚架，因而具备了世界一流的品质控制体系和完善的研发测试流程，捷宝在高档碳纤维三脚架领域拥有数十项独创专利技术，获得了业界极高评价

（3）要考虑三脚架的负重问题，对于轻便型的小数码或者入门级数码单反套机来说，几乎任何一款三脚架都能负载它们；但是对于大炮摄影镜头来说，就需要对三脚架的负重能力有所考验了，通常，如果你有长焦距摄影镜头的话，应选择最大负重在 8kg 以上的三脚架。

捷宝 GX 系列碳纤维三脚架的各项性能参数表

型号	节数	最高高度	不升中轴	叠合高度	最低高度	最大承重	自重	售价
GX-1027	3	1350 mm	1120 mm	510 mm	350mm	5.5kg	0.8 kg	860
GX-1028	4	1330 mm	1100 mm	420 mm	350 mm	5.0 kg	0.8 kg	920
GX-1127	3	1530 mm	1300 mm	550 mm	350 mm	9.0 kg	1.1 kg	1020
GX-1128	4	1530 mm	1300 mm	510 mm	350 mm	8.5 kg	1.1 kg	1125
GX-1227	3	1650 mm	1420 mm	650 mm	350 mm	14 kg	1.4 kg	1300
GX-1228	4	1630 mm	1400 mm	530 mm	350 mm	12 kg	1.4 kg	1400
GX-1327	3	1770 mm	1540 mm	700 mm	350 mm	16 kg	1.6 kg	1950
GX-1328	4	1790 mm	1560 mm	590 mm	350 mm	15 kg	1.7 kg	2035

（4）要注意云台的选购，对于中高档三脚架来说，三脚架上并没有包含云台，因而需要给三脚架另外购买一个云台。目前，云台主要分为三维云台和球形云台。三维云台主要用于低档三脚架和视频摄像用三脚架；球形云台主要用于数码单反相机。在选购球形云台时，应注意其锁紧能力，有些质量不好的球形云台无法锁紧，尤其是使用长焦镜头时会发生缓慢的位移现象，最终导致拍摄模糊不清。捷宝球形云台的球体由数控机厂精密切削而成，精度误差小于0.001mm，因而球体在旋转或锁紧时都有非常高的精确度和牢靠度。

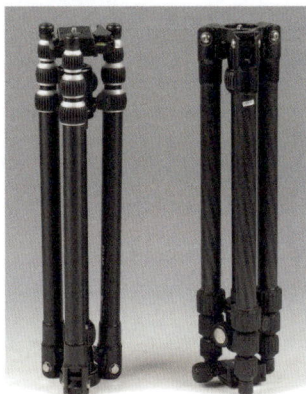

捷宝 GX 系列碳纤维三脚架可以反向折叠，更加便于携带

捷宝 KK-200S 球形云台最大承重10kg，可配合大炮镜头使用

捷宝 DG100 悬臂吊挂云台是专门为鸟类和体育摄影设计的

（5）要关注三脚架的特殊设计，为满足一些特殊拍摄需要，捷宝三脚架设计出了如下特殊功能：①倒置中轴，这对于翻拍以及低角度拍摄昆虫花卉是非常有用的。②水平气泡，在三脚架上可以帮助确认地平线是否水平。③全景摄影刻度，在云台上有旋转角度刻度，有利于在全景摄影接片拍摄时控制两张相片之间的重合部分。④万向中轴，一般的中轴是不可旋转的，因此拍摄角度非常受到限制，尤其是在室内拍摄窗外的景物时，使用万向中轴，可以使得数码相机伸出窗外进行拍摄；同样，在登山摄影时，万向中轴也非常实用。⑤吊臂云台，在使用超长焦距摄影镜头拍摄鸟类时，为了方便移动摄影镜头，吊臂云台是最佳选择。

旋转角度刻度有助于拍摄全景相片

倒置中轴适合微距摄影和低角度摄影

万向中轴设计可以使三脚架的摆放位置更为灵活，例如在室内可以将数码相机伸出窗户外面进行拍摄

1.7

数码单反相机的绝密武器：RAW格式

　　大家都说数码单反相机的成像质量好，但究竟好在哪里呢？可能大多数人都说不出一个能够令人信服的理由来。而且，大多数用过数码单反相机的人，都会发现数码单反相机拍摄的数码相片看起来灰蒙蒙的，比家用数码相机拍摄的效果还要差。那么，数码单反相机究竟好在哪里呢？

数码单反相机拍摄的 JPG 原图往往其貌不扬

在经过调整之后才会变得光彩夺目

　　例如佳能数码单反相机，凡是用过的人，都会发现它在拍摄风景相片的时候，天空和绿叶都会发"青"，颜色看着不自然，而且灰蒙蒙的没有反差。如果将这样的 JPG 图片利用后期处理软件进行调整，当然是可以恢复它光鲜的原貌的，可是细心的读者却会发现这将导致一些细节层次的损失，那么，如何才能用佳能数码单反相机获得最佳的效果和最高的成像质量呢？

　　答案就是使用数码单反相机的绝密武器"RAW格式"进行拍摄，当你使用 RAW 格式拍摄时，将会收获如下诸多好处：

　　（1）普通 JPG 格式只能捕获最多 8 级光圈的动态范围，即便是开启动态范围优化技术（例如尼康 D-Lingting），也只能捕获到 9 级光圈的动态范围。而采用 RAW 格式拍摄，可以轻易捕获 10 ～ 11 级光圈的动态范围。更多的动态范围，意味着暗部和高光的层次更加丰富。例如当你在户外阳光下拍摄人像时，JPG 格式的人物额头高光处将是一片死白，而 RAW 格式却不会是这样。当你拍摄夜景的时候，RAW 格式的暗部细节更丰富而且噪点更少。

　　（2）普通 JPG 格式记录的色彩种类只有 1670 万种，而 RAW 格式所能记录的色彩种类却高达上亿种。有些色彩，无论你怎么调整白平衡，JPG 格式也无法予以准确还原，这是因为 JPG 格式根本就无法记录某些特定的色彩。而当你采用 RAW 格式拍摄时，可轻易还原那些 JPG 格式很难还原的色彩。

宾得数码单反相机机身上的"RAW"格式设置按钮

佳能数码单反相机的文件格式设置菜单，其中就有"RAW"格式

（3）JPG 格式的数码相片在后期处理时容易造成色调分离和噪点增多等负面问题，而 RAW 格式几乎不会有任何影响。

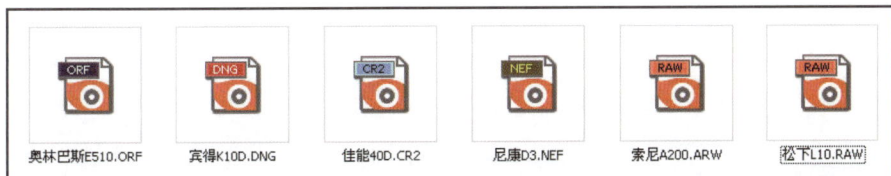

| 奥林巴斯E510.ORF | 宾得K10D.DNG | 佳能40D.CR2 | 尼康D3.NEF | 索尼A200.ARW | 松下L10.RAW |

依次为奥林巴斯、宾得、佳能、尼康、索尼、松下等数码相机拍摄的 RAW 格式数码相片文件

RAW 格式可以说就是数码单反相机的秘密武器，如果你花了很多钱购买了一款很好的数码单反相机，可是却从来没有尝试过使用 RAW 格式进行拍摄，那么，我可以负责任的说"你的数码单反相机完全被浪费了"。或者，我们可以说数码单反相机如果只是用于拍摄 JPG 格式的数码相片，那么肯定就是大材小用。

为了充分发挥出数码单反相机的最佳性能，我们有必要采用 RAW 格式进行拍摄，特别是对于风景摄影和黑白摄影来说，如果你采用 RAW 格式进行拍摄，将会体验到前所未有的高品质成像质量。

对于蓝色、绿色、翡翠色等 JPEG 格式所难以表现的色彩，RAW 格式能够更为完美的予以准确记录

对于光线对比较为强烈的场景，RAW 格式远远比 JPEG 所能记录的明暗层次要丰富得多

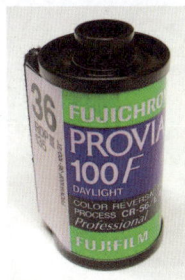

RAW 格式可以取代反转片

事实上，根据 Dpreview 等多家权威机构的专业测试，充分证明了当使用 RAW 格式进行拍摄的时候，所获得的宽容度和色彩层次已经超过了史上最好的反转片。

大家都知道，在拍摄风景、广告、建筑、文物复制等对影像素质要求最高的摄影领域，专业摄影师一直都坚持使用反转片进行拍摄，但是，现在我们可以完全可以用 RAW 格式取代反转片。

1.8

数码单反相机的最新热门功能

自数码单反相机问世以来的最初十年里面，就一直没有什么可以激动人心的新功能问世，但是，在最近两年，涌现了多项足以称之为"革命性突破"的新功能，它们包括实时取景技术、胶片特性曲线下载、HDTV 高清视频摄像、Wifi 无线传输等。

实时取景技术　能够通过液晶显示屏进行取景的数码单反相机，最早由奥林巴斯和松下公司推出，不过，在最近新推出的机型中，实时取景技术已经成为"标准配置"。例如，佳能的 50D、5Dmark2，尼康的 D90、D700、D3、D300，索尼的 A350、A900，松下 G1、奥林巴斯 E510、E3、E30，全都具备实时取景功能。早期的一些机型，实时取景时可能会无法实现自动对焦或者出现明显的"时滞"，不过，2008 年下半年至今推出的机型则完全没有这些问题了。

实时取景技术配合可以旋转的液晶屏对于特殊角度的摄影来说简直就是有如神助

胶片特性曲线　大家都知道，在传统摄影时代，每一种胶卷都有自己独特的色彩和锐度表现，比如说富士胶片对绿色的表现比较好，柯达胶片对红色和黄色的表现比较好，那么，数码单反相机是不是也可以模拟出特定胶片的色彩特性呢？答案是肯定的，比如说尼康 D300、D200、D3、D700、D90，不仅内置了数种胶片特性曲线，而且还可以从尼康官方网站下载更多胶片特性曲线，当然你也可以在电脑上制作自定义特性曲线。

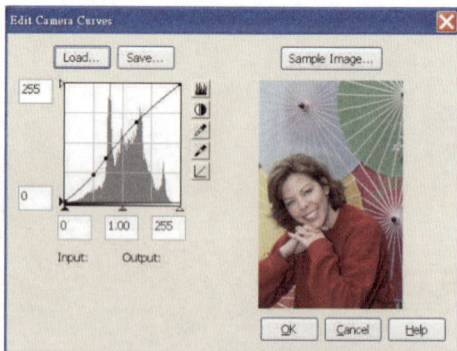

对特性曲线进行自定义之后，可以获得更好的色彩和明暗层次的表现

多次曝光　虽说后期处理软件能够合成出各种各样以假乱真的多次曝光风格的摄影作品，但是直接在数码单反相机上使用多次曝光功能进行摄影创作可能更为有趣。尼康多款机型都具备多次曝光功能，获得了很多喜欢自由创意的摄影师的青睐。

HDTV 视频摄像功能　尼康 D90 是第一款可以拍摄视频的数码单反相机，而稍后推出的佳能 5DMark2 更是全球第一款可以拍摄全高清 HDTV 视频摄像的数码单反相机。我们相信，在不久的将来，所有的数码单反相机都将可以拍摄视频。

尼康 D90 可以拍摄分辨率为 1280 x 720 (24 fps) 的 HDTV 高清视频

1.9 本章常见疑难问题解答

问：二手的数码单反相机机身值得购买吗？

答：科技发展可谓一日千里，就目前来看，二手数码单反相机的性价比并不是十分突出，而且功能也比较老化。建议机身还是购买最新款的比较好，而摄影镜头可以考虑二手的。

问：是不是可以更换摄影镜头的数码相机都是数码单反相机？

答：机身内必须要有反光板，而且可以更换摄影镜头的数码相机才可以称之为数码单反相机，例如，爱普生 RD-1 和徕卡 M8 虽然可以更换摄影镜头，但是它的机身内却没有反光板，因而只能被称作可以更换镜头的旁轴取景数码相机。此外，最近奥林巴斯和松下公司推出了微型 4/3 系统数码相机，由于取消了反光镜和五棱镜，因而机身体积可以设计的更小。

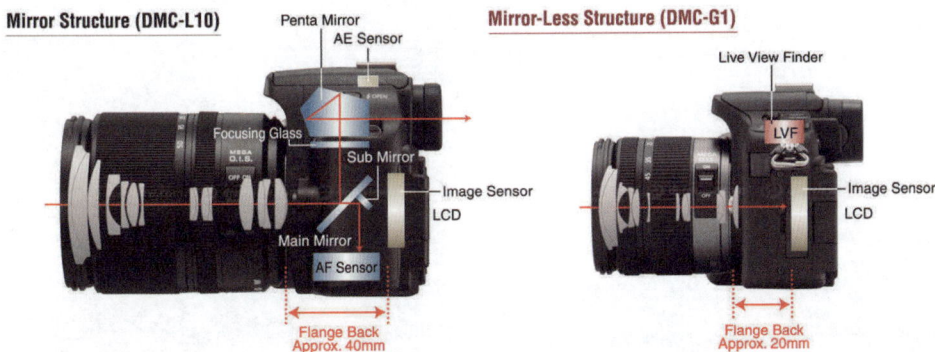

左侧为数码单反相机（松下 L10），右侧为可以更换摄影镜头的微型 4/3 系统数码相机（松下 G1），由于取消了反光镜和五棱镜，松下 G1 的机身体积非常轻巧

问：12bit 或者 14bit 是什么意思呀？对最终的成像质量有影响吗？

答：12bit 或 14bit 是指数码相机的 A/D 模数转换芯片的精度，数字越大，则精度越高，最早的数码单反相机，通常只有 10bit，而目前顶级的数码单反相机一般都达到了 14bit。A/D 模数转换芯片的精度决定了这款相机理论上可以获得的最大曝光宽容度和色彩种类。

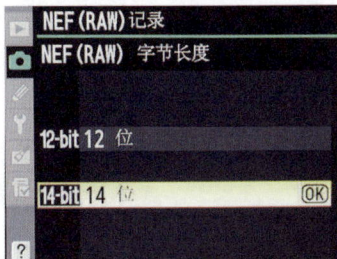

尼康 D3 可以对 RAW 格式文件的 bit 位精度进行设置

要想获得更大的曝光宽容度，则必须配备精度更高的 A/D 模数转换芯片，例如，采用 10bit 技术的机型最高可以获得 10 档光圈的曝光宽容度，12bit 技术的机型最高可以获得 12 级光圈的曝光宽容度，14bit 技术的机型最高可以获得 14 级光圈的曝光宽容度。

但精度越高，图像文件的体积也越大，因而，在实际拍摄时，如果想节省存储空间，则可以选择较低精度进行拍摄。例如，尼康 D3、D700 等机型在拍摄 RAW 格式时就可以对 A/D 模数转换芯片的精度进行设置。

彻底掌握数码单反的
十大基础摄影技巧

本章导读

　　想要拍摄出比别人更好更精彩的摄影作品，就一定要弄清楚数码单反的一些关键功能，例如曝光模式、白平衡、ISO感光度、自动对焦点、曝光补偿……，有时候只需要应用好其中的任意一个关键功能，就可以使一张原本并不怎么样的相片立即脱胎换骨。要记住，本章的作用是帮助你发挥出数码单反的拍摄潜力，而不是告诉你如何操作数码单反。比如说白平衡的设置，笔者将告诉你在具体拍摄的时候如何通过白平衡的设置获得最佳色彩效果，但是，本章将不会告诉你具体按哪个按键进入菜单，在菜单的什么地方可以找到白平衡设置的选项，这些都需要你对照数码单反的说明书进行操作。

photo by Ricky

2.1

迅速掌握四种最实用的傻瓜拍摄模式

对于初学者或者在一些紧急场合，我们常常需要使用傻瓜拍摄模式，例如人像模式、风景模式、微距模式和运动模式就是极为常见的四种傻瓜拍摄模式。当我们拿起相机之后，只需要在相机的拍摄模式转盘上设定好拍摄模式，然后将镜头对准拍摄主体进行取景构图，再按下快门按键即可获得一张数码相片了。

无论是佳能、尼康，还是宾得、奥林巴斯或者索尼，几乎都是用同样的图标标识着上述这四种傻瓜拍摄模式：①"美女图像"代表人像拍摄模式；②"远山"代表风景拍摄模式；③"花儿"代表微距拍摄模式；④"跑动的人"代表运动拍摄模式。

在早些年，傻瓜拍摄模式常常会出现失误，现在由于CCD/CMOS影像传感器具备更好的曝光宽容度和更好的高ISO感光度，出现失误的几率大大降低了，如果没有特殊的拍摄意图需要表现，我们尽管可以放心大胆地使用这些傻瓜拍摄模式。

奥林巴斯的拍摄模式转盘

人像拍摄模式：相机自动会选择最大光圈以虚化背景，同时会对皮肤色彩进行优化处理

风景拍摄模式：相机会自动选择较小光圈以使得远近景物全部清晰，并对蓝绿色进行优化处理

运动拍摄模式：相机会自动选择较快的快门速度和开启跟踪对焦模式，按下快门即可连拍数张相片

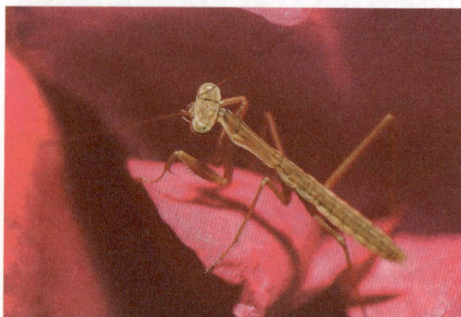

微距拍摄模式：相机会自动选择适中的光圈，以确保被摄主体尽可能的清晰的同时使得背景尽量模糊

2.2 迅速掌握四种富有创意的高级手动曝光模式

对于专业摄影师和一些有特殊创意的拍摄题材，傻瓜拍摄模式往往难以胜任，此时就需要用到如下四种高级手动曝光模式：①P可偏移的程序曝光模式；②A光圈优先曝光模式；③S/T快门优先曝光模式；④M全手动曝光模式。

严格意义上来说，P、A、S/T都是"半自动"曝光模式，只有M才是完全手工控制曝光的曝光模式。

| 佳能的拍摄模式转盘 | 尼康的拍摄模式转盘 | 索尼的拍摄模式转盘 | 宾得的拍摄模式转盘 |

接下来看看这种高级手动曝光模式的特性和应用范围。

表 2.1　四种高级手动曝光模式的工作原理

P	可偏移的程序自动曝光模式	由相机自动设定光圈和快门。也可在不改变曝光量的同时手动改变光圈和快门的组合
A	光圈优先曝光模式	由人工手动设置光圈，相机将会自动设定快门
S/T	快门优先曝光模式	由人工手动设置快门，相机将会自动设定光圈
M	全手动曝光模式	光圈和快门都需要人工手动设置

表 2.2　四种高级手动曝光模式各自的最佳用途

	日常留影	风景摄影	人像摄影	运动摄影	微距摄影	特殊创意
P	√					
A		√	√		√	
S/T				√		
M						√

提示

傻瓜拍摄模式和高级手动曝光模式的区别

无论使用哪一种傻瓜拍摄模式进行摄影，相机不仅会自动设定光圈和快门，而且还会自动设定对焦模式、测光模式、白平衡模式、ISO感光度、连拍模式、闪光灯模式等参数。但是，当我们使用高级手动曝光模式的时候，相机只决定光圈或快门的设定，至于其他拍摄参数，都需要手动设置。因而，为了将这两类拍摄模式区分开来，我们把傻瓜拍摄模式称之为"拍摄模式"，而把高级手动曝光模式称之为"曝光模式"。

2.2.1　P可偏移程序曝光模式

　　当使用 P 模式的时候，可以通过旋转数码相机上的主数据输入拨轮来选择不同的快门速度和光圈组合。通常情况下，向右旋转拨轮可以设置大光圈（小 f 值）模糊背景或者使用高速快门"定格"动作；向左旋转拨轮可以设置小光圈（大 f 值）增加景深或使用慢速快门模糊动作。所有组合均会产生相同的曝光量。

　　绝大多数日常摄影题材都适合选择 P 程序拍摄，尤其是在拍摄旅游纪念照时，P 程序是非常稳妥的。

　　P 模式通常会选择适当的快门速度和光圈，此外，在光线较差的阴天，P 模式会选择尽可能快的快门速度，以确保手持拍摄的清晰度。

　　P 模式并不适合专业的人像摄影和风景摄影，它只是适合需要将风景和人物同时都要兼顾的旅游纪念照场合。

船舱内光线较暗，P 模式将选择尽可能快的快门速度

P 程序模式通常会选择适当的光圈以确保人物和背景同时清晰，它并不以虚化背景为拍摄目的

2.2.2　A光圈优先曝光模式

当我们需要控制背景虚化程度的时候，就需要用到 A 光圈优先模式。当使用该模式时，需要手动设置光圈数值，数码单反将会自动决定快门速度。

通过对光圈的设置，可以改变景深的大小，光圈越大（F数值越小）则景深越小，背景虚化就越好；光圈越小（F数值越大）则景深越大，背景虚化就越差。A 光圈优先模式适合于专业的人像摄影、微距摄影和风景摄影等用途。

对于专业人士来说，用得最多的拍摄模式可能就是 A 光圈优先模式，例如对于专业人像摄影师来说，他们习惯于使用大光圈（F数值小）拍摄人像，以尽可能虚化背景；对于专业风景摄影师来说，他们习惯于使用小光圈（F数值大）拍摄风景，以使得由近及远的景物都能在相片上清晰成像；对于微距昆虫生态摄影师来说，他们常常使用中等光圈（F数值不大不小）拍摄，以获得适中的景深。

F3.5 光圈，背景被完全虚化，主体较为突出

F2.8 光圈，背景被完全虚化，主体较为突出

在拍摄花卉、昆虫、风景、人像等题材时，光圈优先是最为常用的，大光圈可以虚化背景，小光圈能够使主体和背景都同样清晰

2.2.3　S/T快门优先曝光模式

当需要控制运动物体的清晰度时，就需要采用 S/T 快门优先模式，例如，对于专业的体育摄影师来说，S/T 快门优先是采用最多的曝光模式。快门速度其实就是曝光时间，常见的快门速度涵盖了从 30 秒至 1/4000 秒的范围，在晴朗的户外拍摄纪念照时最常用的快门速度是 1/250 秒，在阴天拍摄纪念照时最常用的快门速度是 1/125 秒，在室内拍摄纪念照时最常用的快门速度是 1/30 秒。

通常，我们把快于 1/250 秒的快门速度称之为高速快门，例如，使用 1/800 秒或者 1/4000 秒能够将奔驰的骏马清晰定格。同时，我们把慢于 1/30 秒的快门速度称之为慢速快门，例如，1 秒或者 30 秒适合在夜晚拍摄夜景。

高速快门（1/500 秒至 1/4000 秒）能够凝固高速运动物体，中速快门（1/60 秒至 1/250 秒）适用于一般性的日常纪念照，慢速快门（1/30 秒至 30 秒）适用于夜景和特殊技法摄影。

1/800 秒，奔驰的瞬间被清晰定格

1/500 秒

1/2000 秒

1/4000 秒

S/T 快门优先模式适合拍摄运动物体，当被摄主体越靠近摄影镜头，所要使用的快门速度则越快，例如，当奔驰的汽车在几百米远时，1/250 秒即可拍摄清晰；但当只有几米距离时，则需要 1/4000 秒才能清晰定格

2.2.4　M全手动曝光模式

当发现A光圈优先和S/T快门优先都无法很好地拍摄某个拍摄题材时，这时就需要尝试使用M全手动模式了。有一些玩过传统胶片相机的人，总是把M全手动曝光模式奉为"法宝"，在他们看来，任何拍摄题材都要使用M全手动模式。其实，大可不必。实践证明，只有在必须要用到M全手动模式的才去用它。

那么，哪些拍摄题材必须要用M全手动曝光模式？①焰火摄影，需要将光圈设置为F8～16之间，快门速度设置为1～2秒；②闪电摄影，需要将光圈设置为F8～16之间，快门速度设置为30秒或B门；③车灯轨迹摄影，需要将光圈设置为F11～22，快门速度设置为30秒或B门；④摄影棚内采用闪光灯摄影时，需要根据闪光灯的强度设置光圈的大小，通常将光圈设置为F8～16，将快门速度设置为1/60秒或1/125秒。

2秒，F11

M全手动曝光模式最适合拍摄焰火

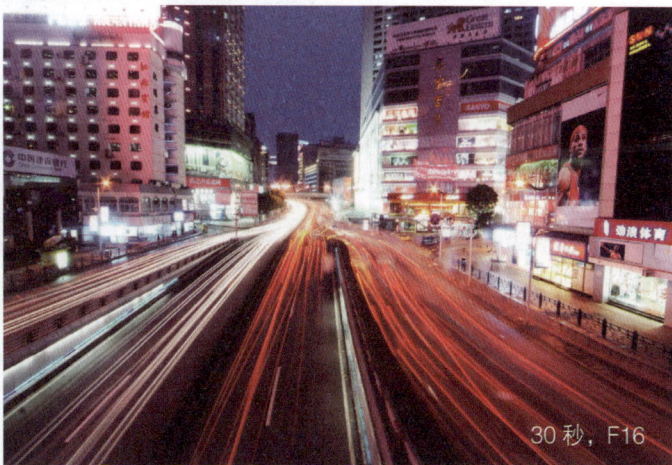

B门，F11

4秒，F8

30秒，F16

当你用快门优先或者光圈优先拍摄这些题材时，十有八九会遭遇拍摄失败，此时，最佳的解决办法就是采用M全手动曝光模式，将快门和光圈同时予以"锁定"

2.3

迅速掌握白平衡模式的设置技巧

　　一个红色的苹果，无论是放置在户外阳光下还是室内钨丝灯下，我们都会认为这个苹果是同样的红色。但是，数码相机却不这么认为，也许，数码相机会认为阳光下的苹果偏蓝色调，或者认为室内钨丝灯下的苹果偏黄色调。

　　为什么会这样呢？因为阳光和钨丝灯是两种颜色完全不同的光源，阳光可以被认为是白色透明的，而钨丝灯却是橙红色的。要想使数码相机在这两种光源下拍摄的苹果都是一种红色，则需要进行白平衡设置。

　　当使用傻瓜拍摄模式的时候，数码相机会自动进行白平衡校正；而当使用 P、A、S、M 等高级手动曝光模式的时候，则需要人工选择白平衡模式，尽管数码相机默认的是自动白平衡模式，但为了获得更精确的色彩还原或者为了特殊的色彩创意，最好还是选择其他白平衡模式或者自定义白平衡模式。

　　以尼康相机为例，它提供了自动、白炽灯、荧光灯、直射阳光、闪光灯、阴天、阴影、选择色温、手动预设等多种白平衡模式，在拍摄的时候应该根据当时的光源情况选择相对应的白平衡模式，以确保色彩的准确。

尼康的白平衡模式设置菜单（一）

尼康的白平衡模式设置菜单（二）

　　一般对于阳光下的景物，采用自动白平衡模式即可获得较好的色彩还原。但是，对于钨丝灯或者荧光灯照明下的景物，却常常需要使用其他白平衡模式才能获得想要的色彩效果。接下来，我们来看看钨丝灯照明的白平衡模式设置技巧。

自动白平衡模式：虽然没有出现偏色，但却并不是我们想要的

阴天白平衡模式：色彩明显偏橙黄色，这正是我们想要的

　　接下来看看在日落西山之后拍摄风景相片时的白平衡设置技巧，当我们采用自动白平衡模式的时候，往往色彩气氛比较平淡，而当我们尝试使用日光、钨丝灯、荧光灯等白平衡模式的时候，色彩效果会变得比较戏剧化。

自动白平衡模式：色彩氛围平淡

日光白平衡模式：色彩鲜艳而且过渡自然

钨丝灯白平衡模式：浓郁的深蓝色调

荧光灯白平衡模式：静谧的紫色调

日光白平衡模式：橙红色和蓝色都能同时保留

　　我们再来看一个比较典型的例子，在黄昏刚刚来临的时候，北京王府井大街上的这个西式教堂的灯光就已经全部开启了。这时，如果用自动白平衡模式，往往会使得天空的蓝色和建筑物的橙红色无法同时得到保留。但如果使用日光白平衡模式，则既可以使建筑物显示出橙红色，又可以使得天空保持湛蓝色。

色温设定　　较高级的数码相机还提供了色温设定白平衡模式，使用色温设定白平衡可以获得更加精确的色彩还原。为了更好地理解色温设定对白平衡的影响，首先要了解色温的概念。色温是对光源的色彩属性的量化参数，例如，蜡烛的色温是 2800K，钨丝灯的色温是 3200K，阳光的色温是 5500K，阴天的色温是 6200K，色温越低，则光源越偏橙红色，色温越高，则光源越偏青蓝色。当色温设定的高于光源色温时，则画面偏橙红色，当色温设定低于光源色温时，则画面偏青蓝色。

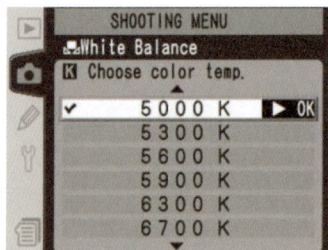

很多机型都可以设置色温

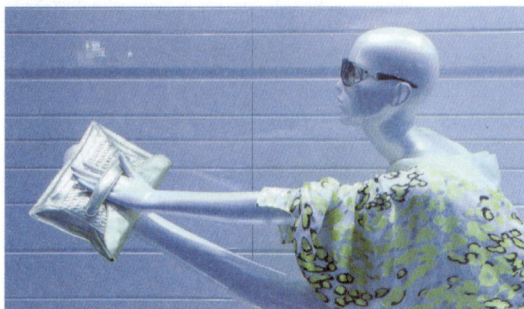

色温值设定：2000K，偏青蓝色

色温值设定：3100K，色彩正常

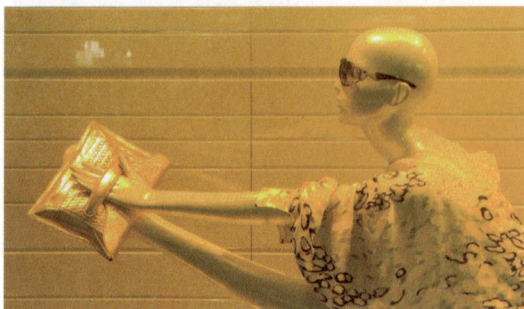

色温值设定：5500K，轻微偏橙红色

色温值设定：9000K，严重偏橙红色

获得更精确的色彩　　当尝试了多种白平衡模式之后仍然无法校正偏色的时候，你应该尝试使用自定义白平衡，并且如有必要，你就应该设置一下白平衡漂移，这有助于你获得 100% 准确的色彩还原。

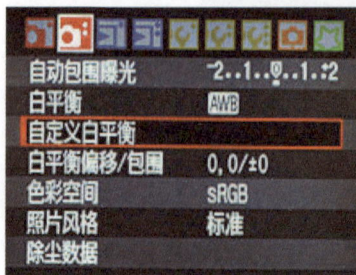

使用自定义白平衡时，常常需要将相机对准一张白纸进行色彩校正

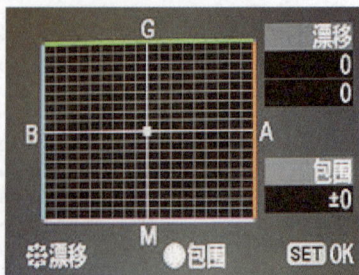

当数码相机出现偏色故障时，应该对其进行白平衡漂移的校正

风光摄影的白平衡设置技巧　大自然的光线总是千变万化，但不管如何变化，它的来源始终都是太阳光，即便是蓝天反射下来的天光，其实也都是来自于太阳。因此，在拍摄风光时，只要将白平衡模式设置为日光模式，一般都能获得较好的色彩还原。

白平衡模式：日光模式，蓝色和绿色的还原更加浓郁饱和

强调蓝绿色　在拍摄这张相片的时候，虽然说使用自动白平衡模式也能够获得非常好的效果，但是如果使用日光模式，则更能加强蓝色和绿色的饱和度。这是因为草原上的景物不仅受到了阳光的照射，还受到了蓝天的反射，其色温值比阳光要高一些。

白平衡模式：日光模式，不仅红色更浓，而且蓝色中也显露出"紫色"的味道

　　傍晚时阳光的色温偏低，约为 4000K 左右。此时，如果采用自动白平衡模式，则往往会导致画面没有一丝的橙红色调，但是如果我们使用日光模式的话，则能够捕获到这种温暖的橙红色调，而且景物的阴影处，会显露出偏向"紫色"的味道。

特殊风光摄影的白平衡设置技巧 雪山和溶洞,它们的光源情况和普通风景有些不一样。虽然说使用日光模式也能够获得较好的色彩效果,但是,如果想要更佳的色彩效果,则常常需要同时以日光、阴天等不同的白平衡模式拍摄多张相片,从中选出最佳的。

适可而止的蓝色。在拍摄这张雪山相片的时候,如果采用自动白平衡模式,则画面上可能并没有什么蓝色的感觉,而使用日光白平衡模式,则蓝色可能过于浓烈。如果使用阴天白平衡模式,则蓝色的程度可能恰恰好。总之,若想控制偏蓝色的程度,就应该多多尝试。

白平衡模式:阴天模式,雪山偏蓝色的程度较为合宜

色彩斑斓的溶洞。在拍摄这张溶洞相片的时候,选择何种白平衡模式才能获得最佳的色彩还原呢?依据笔者的经验,钨丝灯、阳光、荧光灯,都可以获得夸张的鲜艳色彩,但至于哪一种更适合你的欣赏口味,这就需要多多尝试了,笔者推荐选择荧光灯模式。

白平衡模式:荧光灯模式,红色很饱和,蓝色和紫色也很纯净

白平衡模式：日光模式，舞台灯光的温暖色调被正确还原出来

白平衡模式：阴天模式，有意强调了鸟巢夜晚灯光所含的红色

2.4

巧设曝光补偿获得最佳完美曝光

再先进的自动曝光系统也有失灵的时候，在某些场合要想获得最佳曝光，必须借助曝光补偿设置才能获得。例如，在拍摄雪景的时候，自动曝光系统常常会拍摄到灰色的雪，而不是白色的雪。或者，在以深色为背景拍摄人像时，自动曝光系统常常会使得人物脸部惨白一片。

在按住 ± 加减号按键的同时拨动
主数据转轮即可设置曝光补偿

在按住★星号按键的同时拨动主数
据转轮即可设置曝光补偿

以尼康 D90 为例，在按住加减号按键的同时旋转主数据
拨轮，即可设置曝光补偿

以佳能 450D 为例，在按住机身背面右上角处的星号键的同
时旋转主数据拨轮，即可设置曝光补偿

大多数数码相机的曝光补偿设置为正负各两档，以右侧这组相片为例，分别采用了 +2、+1、0、-1、-2 的曝光补偿进行拍摄，我们发现，-1 和 -2 的拍摄效果较好。

+2 档曝光补偿

+1 档曝光补偿

未做曝光补偿

-1 档曝光补偿

-2 档曝光补偿

在拍摄这类光线对比强烈的场景时，常常需要进行曝光补偿才能获得最佳曝光

曝光补偿标尺上有黑色的刻度和数字"2"、"1"、"−1"、"−2"，每两个黑点之间在曝光量上相差1/3（或0.3），在未设置曝光补偿时，黑色指示位于中心位置

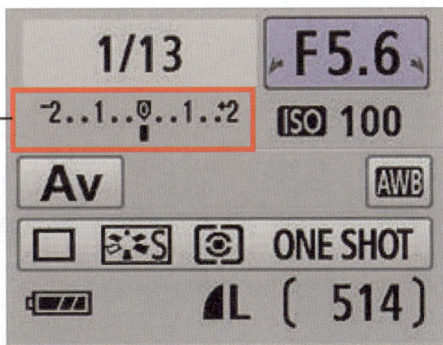

1/13　　F5.6

−2..1..0..1..+2　ISO 100

Av　　　AWB

□ S ⊙ ONE SHOT

▣　　▲L〔514〕

在大多数入门级数码单反相机的液晶屏上都会有曝光补偿标尺指示，如左图所示。当未做曝光补偿设置时，标尺指示在曝光补偿数值的中心位置，如偏向左侧则是做了减小曝光补偿的设置，如偏向右侧则是做了增加曝光补偿的设置。

在任何一款数码单反相机的取景器内都会有曝光补偿标尺指示，如左图所示。曝光补偿的数值既可以用1档、2档来说明，也可以用1EV、2EV来说明。1EV就相当于一级曝光补偿。

未做曝光补偿

+1档曝光补偿

在拍摄雾霭和雪景的时候，如果不设置曝光补偿，则可能会曝光不足，云彩或者雪都显得不够白，正确的做法是增加1～2档曝光补偿，即可恢复云彩或者雪的白皙透亮

白皙的肤色

在拍摄人像的时候，为了让皮肤看起来更白皙一些，可以尝试增加曝光补偿，例如右侧这张人像相片，就是增加了1档曝光补偿后所拍摄到的。

需要注意的是，当采用A光圈优先模式进行拍摄时，在增加了1档曝光补偿之后，快门速度将会减慢一级，此时应该关注快门速度的数值变化，如果快门速度慢于安全快门速度，则需要提高ISO感光度或者使用三脚架。

A光圈优先模式，F2.8，ISO100，自动白平衡模式，增加了1档曝光补偿

未做曝光补偿

数码相机出现了曝光失误,黑色背景变成了灰色背景,红色的荷花也好像掉了色似的

以黑色背景拍摄荷花

在以黑色为背景拍摄荷花时,如果不增加曝光补偿,则会曝光过度,在曝光过度的相片上,黑色的背景将变成灰色,绿叶将变成嫩黄色,红色的荷花也好像掉色了似的。

要想获得正常的明暗层次和鲜艳的色彩,此时,应该减小 1 ～ 2 档曝光补偿。

A 光圈优先模式,F5.6,ISO100,自动白平衡模式,设置了 −1.3 档曝光补偿

在做了减小 1.3 档曝光补偿设置之后,不仅背景恢复了正常的暗调,而且荷花荷叶也都呈现出了鲜艳饱和的色彩,由此可见,在以黑色景物为背景拍摄时应减小曝光补偿

接下来，我们再看几张减小了曝光补偿所拍摄的相片，在拍摄广玉兰花的时候，为了表现其洁白的花瓣，常常会选择深色作为背景，如果不减小曝光补偿，则花瓣层次就会损失。

花卉摄影有时候因为背景的深浅不一，不太能确定减小多少曝光补偿才最为合适。若想不留遗憾，那就采用包围曝光法，分别以减小1档和2档曝光补偿的设置拍摄两张数码相片。有人说点测光也能解决这个问题，不妨试一试，如果管用，那就坚持使用点测光功能拍摄暗调花卉。

A 光圈优先模式，F4，ISO100，自动白平衡模式，设置了 −1.5 档曝光补偿

A 光圈优先模式，F2.0，ISO100，自动白平衡模式，设置了 −1 档曝光补偿

在黎明或者黄昏时刻拍摄日落或者剪影时，也应该根据情况作出减小 1 ～ 2 档曝光补偿的设置，否则也会出现曝光过度的问题。

在拍摄左侧这张相片的时候，无论你采用何种测光模式都不会让数码相机获得正常的曝光量，此时唯一正确的做法就是减小 2 档曝光补偿。

在拍摄下方这张日落数码相片时，同样也作了减小 2 档曝光补偿的设置。

A 光圈优先模式，F11，ISO100，RAW 格式拍摄，设置了 −2 档曝光补偿

A 光圈优先模式，F8，ISO100，RAW 格式拍摄，设置了 −2 档曝光补偿

增加曝光补偿 当拍摄白色物体，或者以白色为背景拍摄时，需要增加 1 ～ 2 档曝光补偿。例如在拍摄右侧这张人像相片时，阳光从落地玻璃窗外照射进来，如果不作曝光补偿的设置，则会曝光不足，人脸显得一片漆黑；在增加了 2 档曝光补偿之后，人物脸部呈现出正常的亮度。

再来看下面这张雪景相片，不论使用分区测光还是点测光，都无法拍摄到白色的雪，要想拍摄到白色的雪，则需要增加 1.5 档曝光补偿。

A 光圈优先模式，F4，增加 2 档曝光补偿

A 光圈优先模式，F8，RAW 格式，增加 1.5 档曝光补偿

未做曝光补偿，白色花朵显得一点也不白

之前讲到了以黑色为背景拍摄花卉时需要减小曝光补偿，但是，在以白色为背景拍摄花卉或者拍摄白色花朵的特写时，却需要增加曝光补偿。

例如左侧这张相片，由于没有增加曝光补偿所以白色花朵有点暗。在增加了 1.5 档曝光补偿之后，白色的花朵才真正是白色的花朵。

A 光圈优先模式，F8，RAW 格式，增加了 1.5 档曝光补偿

提示

为何曝光总是出现失误

当使用了曝光补偿拍摄之后，应该立即将曝光补偿设置为 "0"，否则在拍摄其他数码相片的时候，就会出现曝光失误的问题了。

2.5

巧用直方图判断曝光正确与否

　　前面讲到了曝光补偿是获得最佳曝光的重要手段，也讲到了在一些场合如何曝光补偿的一些技巧，但要想获得更加精确的曝光和避免出现严重失误，往往还需要借助另外一个工具，这就是直方图。通过直方图，能够查看各种像素的影调的数量分布情况，进而就可以判断曝光是否合适。

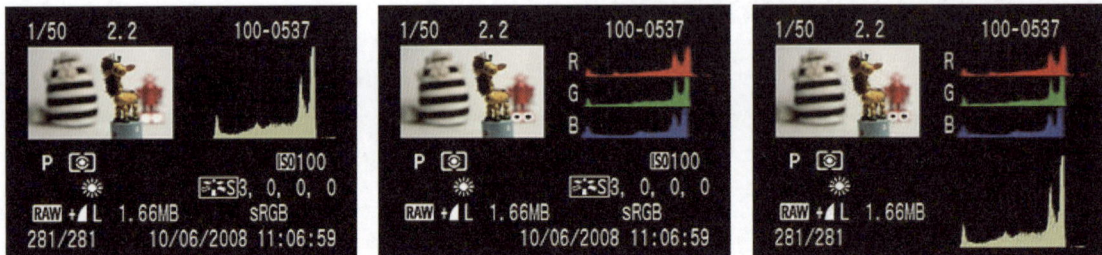

直方图分为亮度直方图和RGB直方图，数码单反相机通常可以显示这两种直方图，上面的这三张相片，从左至右依次为亮度直方图、RGB直方图、亮度直方图和RGB直方图同时显示

　　直方图的横轴是亮度值，纵轴是像素数量。在曝光正常的相片上，直方图的纵轴上的像素分布是比较均匀的；但在曝光不足时，直方图的纵轴偏右侧是没有像素分布的；在曝光过度的数码相片上，直方图的纵轴偏左侧是没有像素分布的。

曝光过度

曝光正常

曝光不足

曝光过度的数码相片，直方图的左侧是没有像素分布的

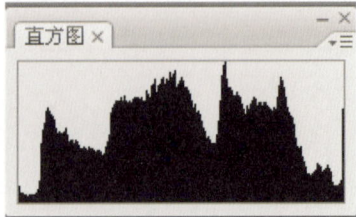

曝光正常的数码相片，直方图的左侧和右侧都有像素分布

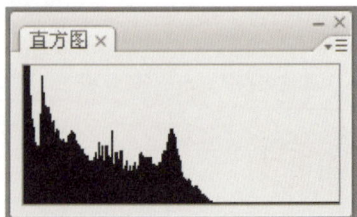

曝光不足的数码相片，直方图的右侧是没有像素分布的

2.6

巧设ISO感光度获得最佳画质

在买胶卷的时候，有柯达金 100、金 200、金 400 等品种。柯达金 100 就是感光度为 ISO100 的胶卷，柯达金 400 就是感光度为 ISO400 的胶卷，感光度是胶卷对光线的灵敏度的计量指标，感光度数值越高则胶卷对光线的灵敏度就越高，ISO 数值每大一倍，胶卷对光线的灵敏度也就高一倍，在拍摄同一个场景时，ISO 数值越大的胶卷所需要的曝光量也越少，

数码相机虽然不是胶卷，但仍然延续了胶卷感光度的计量单位。数码相机的感光度实际上是对光电信号进行放大时的基数倍率，由于对光电信号进行高倍放大时会产生噪点，因此数码相机厂商将基数倍率进行了分级设定，当基数倍率最小时，噪点最少，成像质量也最佳。

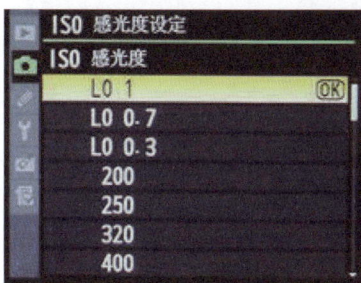

LO1 相当于感光度 ISO100，LO0.7 相当于 ISO125，LO0.3 相当于 ISO160

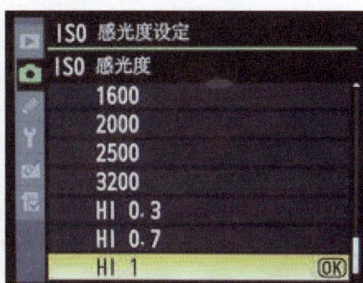

HI1 相当于感光度 ISO6400，HI0.3 相当于 ISO4000，HI0.7 相当于 ISO5000

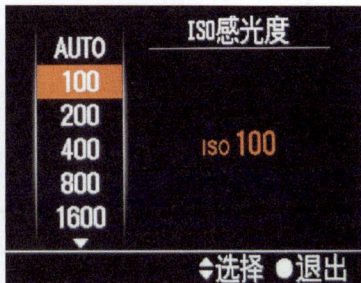

常见的 ISO 感光度范围从 100 至 1600，AUTO 表示由数码单反根据光线强弱自动设定感光度

感光度 ISO 值越小，则噪点越少画质越好；感光度 ISO 值越大，则噪点越多画质越差。为了获得最佳画质，应该使用较低的感光度 ISO 值，但是当光线不好的时候手持数码单反相机拍摄时，可以酌情将感光度 ISO 值调高一些，此外，在新闻纪实和体育运动摄影时，常常不得不使用 ISO1600 或者更高的 ISO 值。

通常，对于绝大多数数码单反相机来说，ISO800 时的成像质量仍然相当不错，但超过 ISO1000，成像质量的下降就比较明显了。

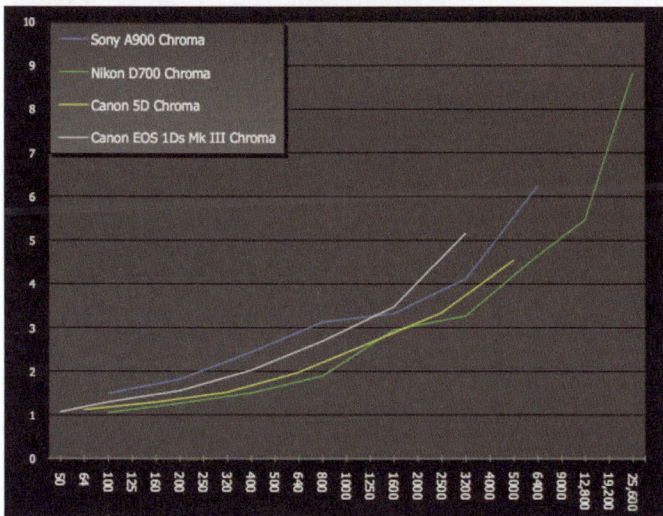

横轴为感光度 ISO 值，纵轴为噪点数量评级，从这张图表可以看到 ISO50 ~ 400 的噪点较少，ISO800 ~ 1600 的噪点较多，ISO2000 ~ 25600 的噪点非常多

低感光度的使用

在拍摄风景相片的时候，无论光线多么微弱，也应该坚持使用最低感光度ISO值，要想使用ISO50～100这样的低感光度拍摄好风景相片，必须准备一个配件，这就是三脚架。

如果没有携带三脚架，那就尽量寻找依托物（例如一棵树或者一座桥的桥栏等）以提高手持拍摄的稳定度。总之，对于喜爱风光摄影的摄影爱好者来说，最低感光度ISO值和三脚架是一对非常好的搭档。

为了让曝光时间足够慢以便虚化流水，使用了最低感光度ISO100，快门优先模式，1/4秒

光圈优先模式，F8，ISO100，使用三脚架稳定数码相机

为了获得最佳成像质量，使用了最低感光度ISO100，光圈优先模式，F8，RAW格式

快门优先模式，1/45 秒，ISO800，手持拍摄

在展会上抓拍时常常使用 ISO800 这样的高感光度值

高感光度的使用

在光线微弱的场合抓拍运动物体或者人像时，如果使用较低的感光度 ISO 值，则快门速度将会变得较慢，这就难以保证被摄主体的清晰度了。要想保证抓拍的清晰度，则有必要将感光度 ISO 值设置到较高的数值，比如说 ISO800 就非常适合在室内抓拍。

所幸的是，现在的全画幅数码单反具有非常好的高感光度 ISO 表现，尼康 D3 在使用 ISO1600 拍摄时的成像质量和低端入门级数码单反的最低感光度几乎没有任何区别。

对于普通的中低档数码单反来说，最好不要使用超过 ISO1600 的感光度进行拍摄，否则成像质量就会难以令人接受。

快门优先模式，1/30 秒，ISO1600，手持拍摄

在博物馆拍摄时禁止使用闪光灯，因此只能借助现场光，ISO1600 的成像质量令人基本满意

2.7

巧设AF自动对焦点和对焦模式

数码单反相机通常都具备多个自动对焦点，可以对位于画面中心和四周的景物进行自动对焦，但正是因为这样，就越是有可能选择错误的对焦点。当数码单反相机自动选择的对焦点不是我们想要的那个时，应该手动选择对焦点。

按住四方向键即可选择自动
对焦点

在按住对焦点选择按键的同时旋转主数据输
入拨轮即可选择自动对焦点

在尼康 D90 等机身背面上有四方向选择按键的机型上，可以通过四方向键选择自动对焦点

在佳能 450D 等入门机型上，可以在按住对焦点选择按键的同时旋转主数据拨轮选择自动对焦点

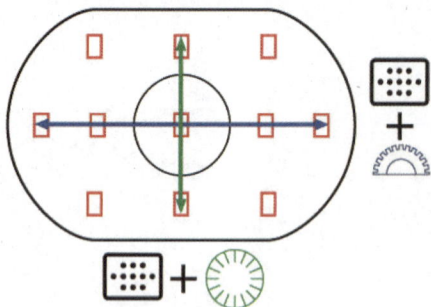

在佳能 5DMark2、1DsMark3 等高档机型上，旋转主数据拨轮可以横向选择自动对焦点，选择机身背面上的拨轮可以纵向选择自动对焦点

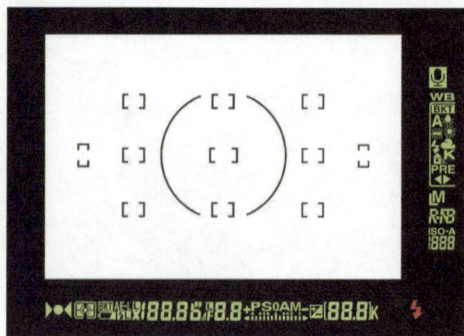

数码相机取景器内通常都能看到自动对焦点，当数码相机选择好自动对焦点之后，该点将会以红色闪烁表示已经被选中

当自动对焦点也难以符合拍摄意图时，可以使用手动对焦模式，在摄影镜头或者机身上的"AF"代表自动对焦，"MF"代表手动对焦。

"MF"代表手动对焦模式

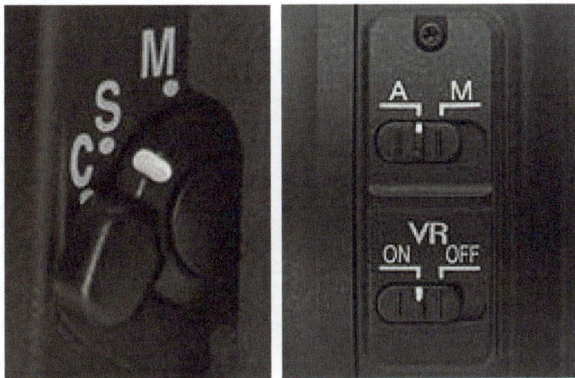

在尼康机身上，M 代表手动对焦，S 代表单次自动对焦，C 代表连续跟踪自动对焦；在尼康 AFS 镜头上，A 代表自动对焦，M 代表手动对焦

自动对焦模式的选择 数码单反的自动对焦模式分为两种：单次自动对焦模式和连续跟踪自动对焦模式。使用单次自动对焦模式时，数码单反在合焦之后就停止自动对焦了，适合拍摄静止物体，例如风景、花卉或者人像。使用连续跟踪自动对焦模式时，数码单反会一直跟踪运动物体进行对焦，即便是在连拍的时候也仍然可以根据运动物体的位置变化进行自动对焦。在佳能相机上，AF-S 代表单次自动对焦，AF-C 代表连续跟踪自动对焦。在尼康相机上，S 代表单次自动对焦，C 代表连续跟踪自动对焦。

左侧是自动选择对焦点拍摄的，焦点错误；右侧是手动选择对焦点之后拍摄的，焦点对准在荷花上。（数码单反相机在自动选择焦点时，常常会选择距离较近的被摄物体作为对焦点）

摄影是选择的艺术，选择将焦点对准什么就决定了摄影者的审美趣味。

玩过传统胶卷相机的摄影爱好者大多都有长期的手动对焦经历，在使用手动对焦的时候，凝聚了摄影者的思考和审美兴趣点，而当将对焦完全交给数码单反相机之后，摄影者的思考就少了很多，虽然省事了不少，但这种慵懒常常会错失很多精美瞬间。

由于前面有花草，自动对焦选择了较近的花草作为对焦点

在使用手动对焦之后，将焦点对准了远处的音乐人，同时，花草被完全虚化了，形成了非常有趣的漂亮色块

提示

为何自动对焦总是无法正确完成

当你手动设置了自动对焦点之后，数码单反每次都会将焦点对准在你所选中的那个自动对焦点上。因此，在使用手动设置自动对焦点拍摄完毕之后，一定要将自动对焦点恢复为全部由数码单反自动选择，否则，就可能会出现自动对焦总是无法正确完成的情况。

2.8 巧设相片风格参数获得最佳色彩鲜锐度

我们常常会发现数码单反拍摄的片子比较"灰"和"闷"，看起来不够透亮。其实，你可以通过对照片风格以及相关参数的设置来改变这一局面。例如，当选用风光风格模式拍摄时，数码单反将会强化绿色和蓝色的表现；当选用人像风格模式时，数码单反将会对肤色进行优化。同时，你还可以对锐度、反差、饱和度等参数进行个性化的设置。

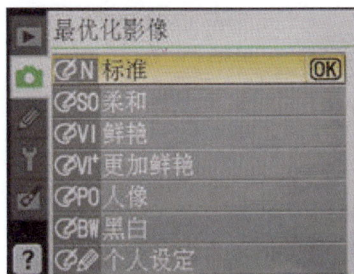

尼康相机的相片风格设置菜单

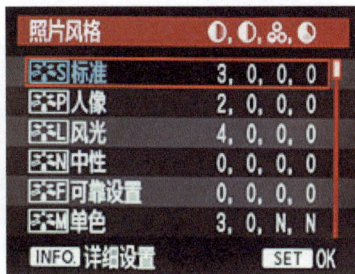

佳能相机的相片风格设置菜单

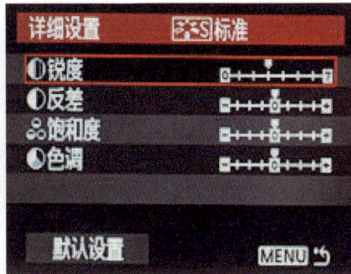

佳能相机的相片参数设置菜单

尼康相机，标准风格，色彩显得黯淡无光

尼康相机，更加鲜艳风格，色彩显得鲜艳锐利

提示

究竟是在相机上还是在电脑上调整色彩

如果你就是玩玩而已，那就在相机上进行调整，尤其是拍摄到此一游的风景纪念照时，将色彩设置的较为鲜艳比较好一些。如果是资深摄影师，那就选择标准风格，或者将锐度、反差、饱和度等参数都设置为"0"，拍摄之后在电脑上对色彩进行调整。如果是职业摄影师和专业摄影师，那就选择 RAW 格式进行拍摄，这样在后期处理时能够得到最佳色彩表现。

当将饱和度参数设置为最小时，可以拍摄黑白相片，但采用这种方法拍摄的黑白相片效果比较一般。

要想拍摄出较好的黑白相片，应该选择黑白风格模式，有些数码单反相机还在黑白风格模式里面设置了颜色滤镜功能，例如使用黄色滤镜不仅可以去除人脸的痘痘等瑕疵还可以将人像的皮肤表现的更为白皙，使用红色滤镜可以强调天空的云彩，使用橙色滤镜适合拍摄古镇建筑等。

黑白风格模式拍摄的古镇，纯粹而且充满了沧桑感

黑白风格模式拍摄的风景，有一种水墨画的观感

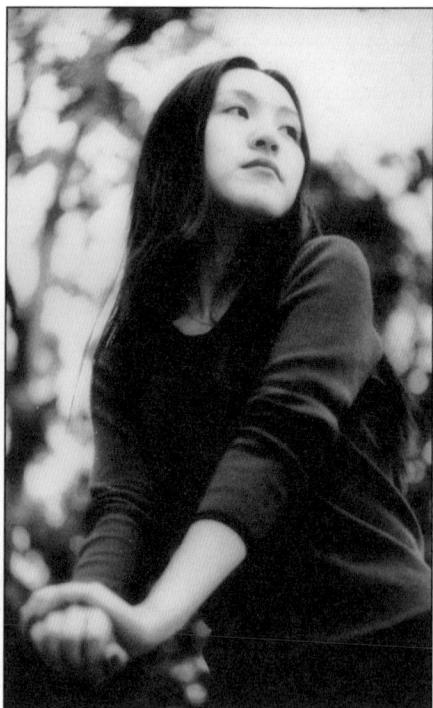

黑白风格模式拍摄的人像有一种优雅感

2.9 巧用半按快门功能锁定曝光和焦点

　　几乎任何一款数码单反相机，当你半按快门按键的时候就会启动自动对焦和自动测光，如果你一直半按快门按键，则数码单反相机将会自动对焦和测光的结果一直予以锁定，直到你按下快门拍摄完毕，再开始下一张数码相片的拍摄为止。下面就来看看如何使用半按快门锁定焦点和曝光的技巧吧。

　　第一步　将数码相机的取景框对准你想要对焦清晰和曝光准确的被摄物体，然后半按快门按键，数码单反将会完成自动对焦和自动测光，此时千万不要松开手指，一定要继续保持半按快门按键。

半按快门按键，完成自动对焦和自动测光

　　第二步　继续半按快门按键不放手，重新取景构图，最终将快门按键按到底，拍摄完毕后松开手指。

重新取景构图之后，将快门按键按到底

将摄影镜头对准渔民后，半按快门完成对焦和测光，然后再重新构图完成拍摄

将摄影镜头对准落日后，半按快门完成对焦和测光，然后再重新构图完成拍摄

2.10 获得最佳成像质量的十大要诀

对于想要把数码相片拍好的摄影师来说，谁都希望能够获得最佳成像质量，那么，如果你愿意坚持如下十条原则中的 1/3 就可以获得相当不错的高品质相片。

（1）尽量使用数码单反相机的最低 ISO 感光度。

（2）在拍摄风景、静物等时，请关闭光学防抖动功能，并使用三脚架稳定数码相机。

（3）在使用三脚架拍摄时，如果没有快门线或遥控器，那就使用自拍功能。

（4）在使用三脚架拍摄时，如果数码相机具备反光板预升锁定功能，请开启该功能。

（5）在拍摄运动物体时，请开启光学防抖动功能，并尽可能使用独脚架。

（6）在使用 JPEG 格式拍摄时，请将反差、锐度、饱和度等参数设置为 "0"。

（7）在使用 JPEG 格式拍摄时，要想获得更丰富细腻的色彩，请使用 AdobeRGB 色域。

（8）在逆光拍摄时，请使用遮光罩或者帽子遮挡住那些直射到摄影镜片上的强光。

（9）尽量选购较贵一些的名牌 UV 镜，在拍摄重要瞬间时，请卸下 UV 镜。

（10）要想获得最高画质，请使用 RAW 格式进行拍摄，并适当曝光过度一些。

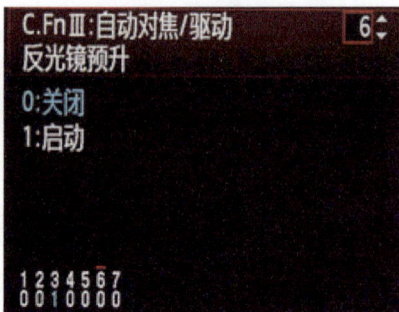

为了避免由于反光板弹起时所造成的机身内部震动，在拍摄风景、静物等题材时，应启动反光板预升锁定功能，并配合快门线或遥控器一起使用，以免按动快门按键时使机身颤抖

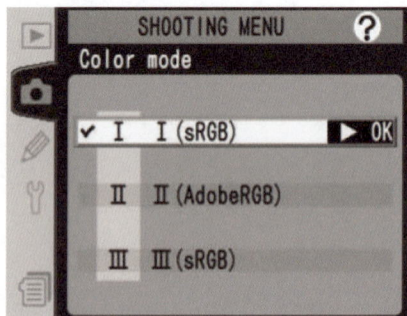

在使用 JPEG 格式拍摄风景、花卉和广告时，应选择 AdobeRGB 色域空间，当使用 RAW 格式拍摄时，则无需设置色域空间，这是因为 RAW 格式的色域空间比 AdobeRGB 还要大得多

成像质量的好坏包括以下几个方面：①清晰度（分辨率）；②色彩层次的丰富程度和色彩还原的准确程度；③明暗层次的丰富程度；④噪点的多少。

使用三脚架、快门线、预升反光板等手段只能提高清晰度，而要想在其他几个要素上改善成像质量，就必须重视曝光的问题。在使用 RAW 格式拍摄时，要想获得噪点最少的画面，必须采用 "向右曝光法"，在正常曝光的基础上曝光过度 2/3 档左右。如果曝光不足，则噪点数量会比曝光过度要多得多。

要想获得最好的成像质量，还必须注意遮光罩的使用，即便是在阴天，遮光罩的使用仍然有助于提高数码相片的锐度和清晰度。

安装遮光罩之后，相片变得通透锐利

未安装遮光罩，锐度很差

数码摄影是一种能够让你离开电脑、走向自然、陶冶情操的同时又能锻炼身体的有益爱好，如果有可能，请尽量带上三脚架或者独脚架，这不仅能够锻炼身体而且还有助于获得成像质量最佳的精美大作

捷宝提示

　　拍摄荷花时应采用光圈优先曝光模式，在最大光圈的基础上缩小一两级效果最佳。

彻底掌握光圈和快门的搭配秘诀

本章导读

　　光圈和快门，已经在摄影器材上存在了一百多年，摄影艺术，也可以被称之为是光圈和快门的艺术。现在就跟着笔者一起进入光圈和快门的奇妙世界吧！

3.1

揭开光圈的秘密

光圈就和人的瞳孔一样，它主要通过改变孔径的大小来控制进入光线的数量。例如，在阳光下，人的瞳孔就会缩小，以阻止强烈阳光的大量进入；在夜晚，人的瞳孔就会放大，以尽可能让更多的光线进入。以尼康和宾得为例，当将摄影镜头从机身上取下来之后，通过旋转光圈调节环就可以观察到光圈大小的变化了。

在尼康 50mm F1.4 摄影镜头的光圈调节环上我们能够看到一组数字：16、11、8、5.6、4、2.8、2、1.4。

这些数字代表的是不同的光圈系数值，通常我们在数字前面加上"F"，用以表达光圈的系数值。例如，"F1.4"代表光圈系数值为 1.4。F 数字越小，则光圈的物理孔径越大；F 数字越大，则光圈的物理孔径越小。

3.1.1 光圈的F数值是如何计算出来的

光圈的 F 数值究竟是怎么得来的呢？其实，F（光圈系数值）=f（焦距）÷D（光圈孔径的直径）。例如，对于尼康 50mmF1.4 摄影镜头来说，它的最大光圈 F 数值等于焦距值除以镜头的最大通光口径：f（50）÷ D（35）= F1.4。如果我们将这款镜头的光圈孔径缩小到 25mm，则此时光圈系数值就变成了 F2，由于光圈是圆形的，经过计算之后我们将会发现 F2 和 F1.4 的光圈面积相差一倍，因而进光量也相差了一倍。

简而言之，F1.4、F2、F2.8、F4、F5.6、F8、F11、F16 这些数值之间，每相邻两者之间的进光量都相差一倍，调整一级光圈就相当于增加或者减少一档曝光量。例如，F1.4 就比 F2 的曝光量大了一倍，而 F2 又比 F2.8 大了一倍。

需要值得注意的是，光圈系数值既可用"F1.4"来表达，也可用"f/1.4"来表达，两者意义是一样的。

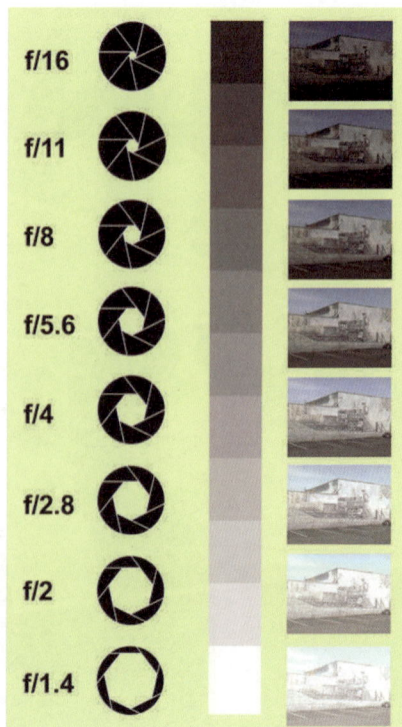

3.1.2 光圈与景深的关系

　　光圈的主要作用不仅仅是用于控制进光量（曝光量），事实上，光圈最大的作用是控制"景深"。那么，究竟什么是景深呢？简单点说，景深就是被摄主体前后的清晰范围，例如，当我们在拍摄一朵花的时候，如果这朵花后面的背景都是清晰的，我们就说景深很大；而如果这朵花后面的背景都是模糊的时候，我们就说景深很小。

F16，景深很大，前后景物都能清晰成像

F1.4，景深很小，背景都被模糊虚化掉了

　　经过实践，我们很容易得出如下结论：光圈越大（F数值越小），则景深越小；光圈越小（F数值越大），则景深越大。例如，当我们使用 F1.4 光圈进行拍摄时，很容易虚化背景；而当我们使用 F16 光圈进行拍摄时，就难以虚化背景。

表 3.1　光圈系数和景深大小的关系

	F1.4	F2	F2.8	F4	F5.6	F8	F11	F16	F22	F32
景深	小	小	小	中	中	中	大	大	大	大
进光量	512	256	128	64	32	16	8	4	2	1

F16，景深很大，前后景物都能清晰成像

F1.4，景深很小，背景都被模糊虚化掉了

3.1.3 何谓最佳光圈

光圈的主要作用有三个：①控制进光量；②控制景深；③控制成像质量。

这里要讲的是光圈的第三个作用，也就是如何利用光圈的设置来获得最佳成像质量。有经验的摄影师都知道，当在最大光圈（F数值最小）的基础上缩小两至三级进行拍摄时，能够得到锐度和分辨率最高的成像质量。

此外，当用最大光圈（F数值最小）拍摄时，往往会发现画面的四边较暗（俗称"暗角"），而当将光圈缩小两至三级之后再进行拍摄时，暗角就会消失了。

由于使用最佳光圈进行拍摄时能够获得最高的锐度和分辨率，因而，当在拍摄绘画或者浮雕作品的时候，最好将光圈值设置为最佳光圈。

对于18-55mmF3.5-5.6这款随机标配的摄影镜头来说，F8是最佳光圈，能够获得最好的锐度和分辨率

对于50mmF2.8这款专业的微距摄影镜头来说，F5.6是最佳光圈，能够获得最好的锐度和分辨率

对于绝大多数定焦距镜头来说，最佳光圈一般为 F4 或 F5.6；对于绝大多数变焦距镜头来说，最佳光圈一般为 F5.6 或者 F8。

虽然最佳光圈能够获得最好的锐度和分辨率，但是，这并不意味着我们在任何场合都必须使用最佳光圈。事实上，当需要控制景深的时候，常常会使用最大光圈（F 数值小）或者最小光圈（F 数值大），而不是最佳光圈。

3.1.4 何时用大光圈

在如下几种场合需要使用大光圈（F 数值小）进行拍摄：

（1）光线较弱时，例如傍晚或者室内。

（2）当需要尽可能地将背景进行虚化模糊时，比如说花卉或者人像摄影。尤其是人像摄影，光圈是越大越好。例如，85mmF1.8 摄影镜头的售价只有约 2800 元，而 85mmF1.4 摄影镜头的售价却高达 6000 多元，就是因为光圈大了一点点，但是价格却翻了一倍不止。

如果购买了 85mmF1.4 摄影镜头，而不使用 F1.4 光圈进行拍摄，那么无疑是一种巨大的浪费。对于人像摄影来说，F1.4 能够更加自然地虚化背景，这比使用所谓的最佳光圈（F4）获得最高分辨率更为重要得多。

凤凰 50mmF1.7 摄影镜头，宾得 K20D，A 光圈优先拍摄模式，使用最大光圈 F1.7 拍摄，形成了较为自然的背景虚化效果

尼康 105mmF2.8 微距摄影镜头，A 光圈优先拍摄模式，使用最大光圈 F2.8 拍摄，形成了较为自然的背景虚化效果

3.1.5 何时用中等光圈

当使用焦距大于 100mm 的长焦距镜头拍摄时，如果使用最大光圈进行拍摄，不仅背景会虚化，而且被摄主体也会部分虚化，为了使被摄主体完全清晰，我们应该使用中等光圈进行拍摄。尤其是使用 70-200mmF2.8 或者 70-300mmF4-5.6 这样的摄影镜头拍摄荷花或者人物特写的时候，使用中等光圈拍摄将会获得适中的景深。而且，对于这些长焦摄影镜头来说，中等光圈往往就是最佳光圈。

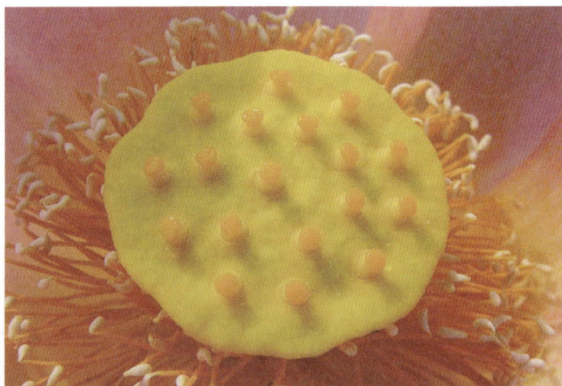

腾龙 70-300mmF4-5.6 摄影镜头，A 光圈优先拍摄模式，使用中等光圈 F8 拍摄，荷花的每一个花蕊都很清晰

此外，在拍摄到此一游的旅游纪念照时，使用中等光圈进行拍摄，也能够很好地兼顾被摄人物主体和背景的清晰度。

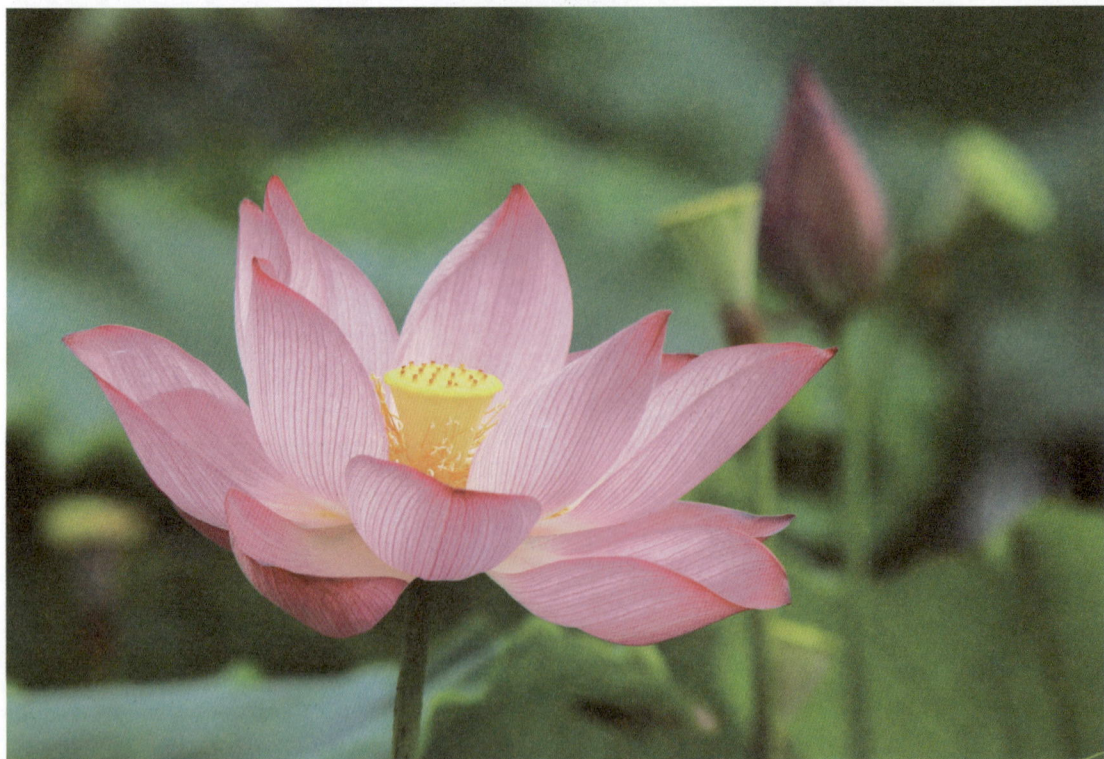

尼康 80-200mmF2.8 摄影镜头，A 光圈优先拍摄模式，使用中等光圈 F6.3 拍摄，荷花的每片花瓣都是清晰的，而且背景也得到了适当的虚化。对于长焦镜头来说，使用中等光圈能够获得较为适中的景深

3.1.6 何时用小光圈

在拍摄风景相片的时候，我们常常希望远近的所有景物都能够清晰成像。此时，小光圈就派上大用处了，例如 F11 或者 F16 就是风景摄影中最为常用的。

尼康 18-55mmF3.5-5.6 摄影镜头，A 光圈优先拍摄模式，使用小光圈 F16 拍摄，所有景物都能清晰成像

尼康 18-55mmF3.5-5.6 摄影镜头，A 光圈优先拍摄模式，使用小光圈 F16 拍摄，由远及近的每一朵杜鹃花都能清晰成像

需要引起重视的是，由于数码相机影像传感器的特殊结构，如果使用更小的光圈，例如 F22 或者 F32，往往会使得锐度和分辨率都受到影响。因此在实际拍摄时，尽量不要使用比 F16 更小的光圈进行拍摄。

3.2

揭开快门的秘密

和光圈一样，快门也有三个主要作用：①控制进光量。②控制运动物体的清晰度。③控制成像质量。

当快门开启的时候，数码相机开始曝光；当快门关闭的时候，数码相机结束曝光；从快门开启到关闭的这段曝光时间就被称之为"快门速度"。通常，大多数数码单反相机的快门速度范围为30秒至1/4000秒。快门速度越快，则曝光时间越短；快门速度越慢，则曝光时间越长。

3.2.1 常见的快门速度

在数码单反相机上，我们可以设置的快门速度一般为30秒、15秒、8秒、4秒、2秒、1秒、1/2秒、1/4秒、1/8秒、1/15秒、1/30秒、1/60秒、1/125秒、1/250秒、1/500秒、1/1000秒、1/2000秒、1/4000秒。

通常，我们将1/125秒称为中速快门，这是在晴朗的户外拍摄纪念照时最常使用的快门速度。此外，我们将快于1/250秒的快门速度称之为高速快门，将慢于1/30秒的快门速度称之为慢速快门。

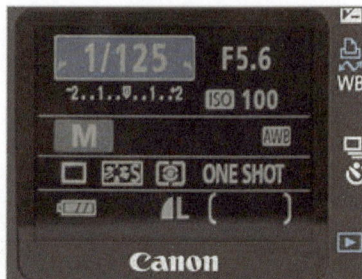

在液晶屏上可以很容易观察到此时你正在使用的快门速度值

1/2000秒高速快门，飞翔的瞬间被清晰捕捉

1/125秒中速快门，非常适合晴朗户外的一般性纪念照摄影

1/2秒慢速快门，能够让夜景在影像传感器上充分曝光

总之，随着光线强弱的不断变化，我们所使用的快门速度也会发生相应的变化，天气晴朗时，快门速度可以设置得较快；而在傍晚或者天黑之后，快门速度则必须设置得较慢。

3.2.2　必须时刻牢记的安全快门速度

　　当手持数码单反相机进行拍摄的时候，如果手抖动了，拍摄的数码相片就极有可能是模糊的。那么，如何避免手的抖动所造成的模糊呢？答案就是时刻关注快门速度是否慢于安全快门速度，那么，何为安全快门速度呢？对于你正在使用的任何一款摄影镜头来说，它的安全快门速度约等于摄影镜头焦距的倒数。例如，对于 50mm 焦距的摄影镜头来说，安全快门速度约为 1/60 秒；对于 200mm 焦距的摄影镜头来说，安全快门速度约为 1/250 秒。

快门速度：1/15 秒

快门速度：1/60 秒

佳能 50mmF1.8 摄影镜头，S/T 快门优先拍摄模式，当快门速度慢于安全快门（1/60 秒）的时候，就容易因为手的抖动导致模糊，当快门速度等于或者高于安全快门速度的时候，就不会因手抖动而模糊

适马 30mmF1.4 摄影镜头，S/T 快门优先模式，将快门速度设置 1/30 秒，避免了手的抖动导致的模糊

3.2.3 何时使用高速快门

需要使用高速快门的场合主要有两种：①当抓拍运动物体时，例如奔驰的骏马或者嬉戏的人们。②当使用长焦距镜头时，例如 500mmF8 折反射摄影镜头。

高速快门可以凝固运动的清晰瞬间，尤其是 1/4000 秒或者 1/8000 秒的快门速度，可以将人眼难以分辨清楚的运动物体清晰定格，正所谓"摄影是瞬间的艺术"。

人眼对运动物体的动态分辨其实很差，例如，当一匹马在奔跑的时候，究竟是四个脚全部离地还是只有几只脚离地？这是人眼所难以分辨清楚的，而高速快门可以轻易地予以分辨。要想记录住这些精彩的运动瞬间，1/500 秒、1/1000 秒、1/2000 秒、1/4000 秒等都是经常会用到的。

S/T 快门优先模式，1/4000 秒高速快门，奔驰的骏马被完美定格

S/T 快门优先模式，1/1000 秒高速快门，嬉水的人们，飞扬的水滴，所有这些全部被清晰捕捉到了

3.2.4　何时使用中速快门

　　需要使用中速快门的场合主要有两种：①当拍摄一般性的旅游纪念照时。②当拍摄一般的运动物体时，例如像鸭子这样运动较为缓慢的动物。

　　中速快门可以在确保相片不会因为手的抖动而模糊的同时，能够使光圈保持中等或者较小状态，这有助于获得较大的景深，这些都是拍摄到此一游的旅游纪念照所需要的。

S/T 快门优先模式，1/250 秒中速快门，对于运动速度并不算快的鹅来说已经足够了

S/T 快门优先模式，1/250 秒中速快门，自由嬉水的小孩，波光激滟的小溪，显示出宁静的动感

3.2.5 何时使用慢速快门

慢速快门常用于如下几种场合：①光线较为昏暗的傍晚或者室内。②当需要将流水或者瀑布虚化为丝绸般的雾状时。③当需要有意将运动物体进行虚化时，例如在街头拍摄时，有意将行进中的人流和车流进行虚化。

对于夜景摄影来说，如果使用几十秒的慢速快门，则很容易使得走动的人消失得无影无踪，或者是留下飘忽的"鬼影"。对于流水瀑布来说，通常 1～2 秒钟的曝光时间最为合适，虚化效果最好。

S/T 快门优先模式，1 秒钟慢速快门，流水被完全虚化，为了能够使用这样的慢速快门，还使用了偏振镜

在拍摄夜晚的激光轨迹时，太长的曝光时间（例如 15 秒钟）往往会适得其反，要想拍摄到最佳的激光束，一般使用 1 秒钟或者 1/2 秒钟的慢速快门即可。

S/T 快门优先模式，1/2 秒慢速快门，激光束在空中留下了漂亮的轨迹，为了保证曝光充分，还将感光度设置为了 ISO400，此外，三脚架也是不可或缺的

3.3

光圈优先 VS 快门优先

　　前面两节详细介绍了光圈和快门以及各自的典型应用，但我想肯定还会有人对光圈优先和快门优先之间的选择有所困惑。尤其是一些既需要控制光圈也需要控制快门的拍摄场合，更加令人难以抉择。例如以下几种典型情况：①使用长焦镜头的时候，究竟是使用光圈优先还是快门优先？②在晚上拍摄风景的时候，究竟是使用光圈优先还是快门优先？

　　首先来分析使用长焦镜头时的情况，当使用长焦镜头的时候，如果是手持拍摄的话，则应该确保快门速度高于1/250秒，这是为了确保不会因为手的抖动影响成像质量。但如果一味地使用快门优先模式，光圈就无法设置为自己想要的数值了，那怎么办呢？

　　根据笔者的经验，建议最好还是使用光圈优先模式，因为当你将光圈设置为较大时，快门速度也自然会较快。对于长焦镜头来说，还有如下两个问题：①最大光圈时的景深太小。②最大光圈时的锐度较差。而将光圈设置为比最大光圈小一到两级的时候，这两个问题就能得到较好的解决。

当使用长焦镜头拍摄时，最好是使用 A 光圈优先模式，并将光圈设置为较大

　　接下来看看夜景拍摄的情况，假设我们在夜景拍摄时都使用了三脚架，那么，就完全不用考虑安全快门速度的问题。此时，重点考虑的是光圈。夜景摄影绝大部分情况下仍然是使用光圈优先模式较为合适。

　　那么，什么情况下才会考虑到快门优先模式呢？答案就是当被摄主体在运动的时候，就要考虑使用快门优先模式了；如果被摄主体基本上是静止不动的，那就首选光圈优先模式。

为了使由近及远的灯笼都能清晰成像，所以使用 A 光圈优先模式，并将光圈设置为 F16，虽然曝光时间很长，但是三脚架确保了清晰度

3.4

同时控制光圈和快门的典型范例

　　通过前面几节内容的讲解，大家都已经知道了光圈优先和快门优先各自的特点和用途：光圈优先主要用于控制景深，当被摄主体为静止状态时，首选光圈优先模式。快门优先主要用于控制运动物体的清晰度，当被摄主体处于运动状态时，首选快门优先模式。

　　但是，如果同时需要控制景深和运动主体的清晰度时，该选择何种拍摄模式呢？答案就是使用 M 全手动曝光模式。

这是一个既需要考虑景深又需要考虑运动的被摄主体的清晰度的场合，而且，当自行车一晃而过之时（遮挡住了马路上明亮的反光），数码相机的自动曝光系统可能根本就来不及修正曝光，因此最佳的拍摄模式是 M 全手动曝光模式：光圈 F8，快门速度 1/500 秒，感光度设置为 ISO400。设置好曝光组合之后，采用守株待兔之法，一旦自行车进入，立即按下快门

当需要使用包围曝光法拍摄合成 HDR 高动态范围影像时，M 手动曝光模式最适宜

此外，在拍摄花卉或者风景相片的时候，为了获得最佳效果（景深最好，曝光也最好），有时候会采用不同的光圈或者快门拍摄同样构图的相片，以便回到家里后在电脑屏幕上慢慢挑选出最好的一张。

在拍摄焰火的时候，快门速度用于控制焰火的数量和光线轨迹的长度，光圈则控制焰火在相片上的亮度，此时，也需要利用 M 全手动曝光模式将光圈和快门同时设置好。

当需要拍摄多张曝光不同的数码相片以便后期处理为 HDR 高动态范围影像时，也必须在保持光圈不变的基础上改变快门速度而获得多张曝光不同的数码相片，此时，M 手动曝光模式也最适宜。

为了确保足够的景深，需要使用小光圈；为了将行驶的车灯虚化为光的轨迹，需要使用慢速快门。尽管使用光圈优先或者快门优先也能实现类似的拍摄效果，但毕竟很难精确把握。遇到这种情况时，就需要使用 M 全手动曝光模式：光圈 F16，快门速度 30 秒，如果觉得曝光过度或者不足，可以对光圈或者快门进行轻微的调整以获得最佳效果

3.5 光圈和快门设置不当的典型范例

合理设置光圈和快门可以达到非常好的拍摄效果，但如果设置不当，也会导致不好的拍摄效果，甚至拍摄失败。

例如，在拍摄运动物体的时候，快门速度设置不够快就会导致模糊。

再例如，在拍摄夜景的时候，常常会习惯性地将光圈设置为F16这样的小光圈，这其实不见得就是最好的。

使用1/125秒快门速度拍摄，由于旋转木马的运动速度太快而导致模糊。如果改成1/1000秒，即可清晰

这张照片看起来似乎还很不错，曝光准确，主体也很清晰，但如果能够将背景虚化掉就更好了。在拍摄夜景的时候，大多数人都会一味地使用F16这样的小光圈，其实，像此次这样的情况，使用F4甚至F1.4这样的大光圈能够获得更好的拍摄效果，而且背景虚化后，主体将更为突出

3.6 本章常见疑难问题解答

问：何谓 B 门？如何使用？

答：通常，大多数数码相机所能够设置的最长曝光时间为 30 秒，如果想要获得更长的曝光时间，就只能使用 B 门了，当将快门速度设置为 B 门时，只要你一直按住快门按键不放，快门就会一直开启，一旦松开快门按键，快门就会关闭。通过使用 B 门，能获得几十分钟甚至更长时间的曝光时间。

问：为何尼康和宾得的摄影镜头上有光圈调节环，而佳能的却没有？

答：事实上，尼康的 G 系列摄影镜头上也是没有光圈调节环的，这是因为现在大家都习惯了让数码相机自动设置光圈或者直接利用主控旋转拨轮设置光圈，很少有人会手动去旋转光圈调节环。

从左至右依次为佳能、尼康、宾得的 50mmF1.4 标准镜头，我们可以发现，在尼康和宾得的镜头上都有光圈调节环，而唯独佳能没有

问：光圈的形状是不是会对成像产生一定的影响？

答：的确如此，光圈的形状主要会对虚焦的部分产生影响，例如圆形光圈和五边形光圈所产生的虚化效果就不一样。此外，美国有一家公司生产的摄影镜头可以安装特殊的光圈，以形成独特的焦外成像效果。

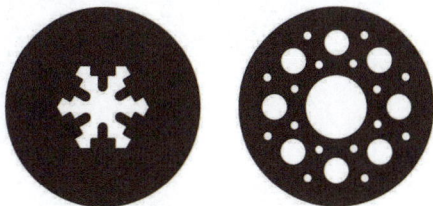

形状特殊的光圈可以产生极为特殊的焦外成像效果

使用特殊形状的光圈拍摄的相片，虚焦部分呈现出雪花形状

彻底发掘摄影镜头的艺术表现力

本章导读

　　如果说数码单反相机和卡片数码相机最大的区别，那一定非摄影镜头莫属。目前市场上可以买到的摄影镜头品牌有十几种，型号更是数以百计。对于一个摄影爱好者来说，拥有两个摄影镜头只是刚刚入门起步，在玩了几年摄影之后，通常都会购买三四个摄影镜头。面对纷繁复杂的摄影镜头群，如何才能挑选到最适合自己的呢？在耗费巨资买齐了想要的摄影镜头之后，如何才能最好地发挥出它们的艺术表现力呢？那现在就跟着笔者一起到摄影镜头的海洋遨游一番吧！

4.1

摄影镜头的常见专业术语

摄影镜头是由数片光学玻璃组合而成的，光学玻璃的品种据说有成千上万种，但是我们这里要说的是两种光学玻璃：低色散光学玻璃和非球面光学玻璃。

低色散光学玻璃的主要作用是校正色差，非球面光学玻璃的主要作用是校正球差。为了提高摄影镜头的锐度和分辨率以及色彩纯净度，摄影镜头生产厂家往往会考虑使用价格较贵的低色散光学镜片和非球面光学镜片。

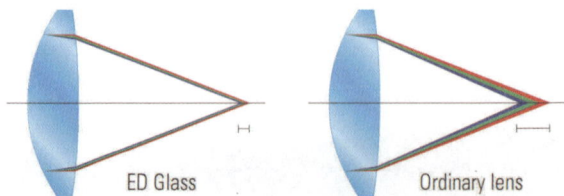

ED Glass   Ordinary lens

左侧为超低色散光学镜片，右侧为普通光学镜片，明显可见左侧的光学镜片能够有效消除色差现象

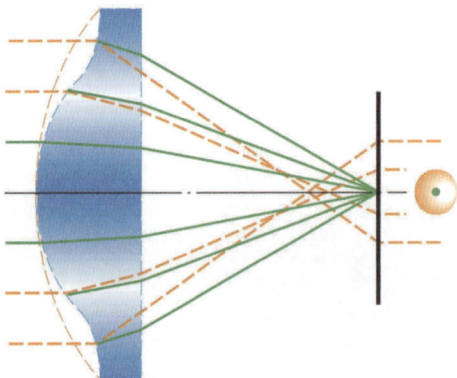

非球面光学镜片（绿色的光迹形成一个很小的圆点，基本上校正了球差现象），普通球面光学镜片（黄色虚线的光迹形成一个较大的圆点，这就是明显的球差现象）

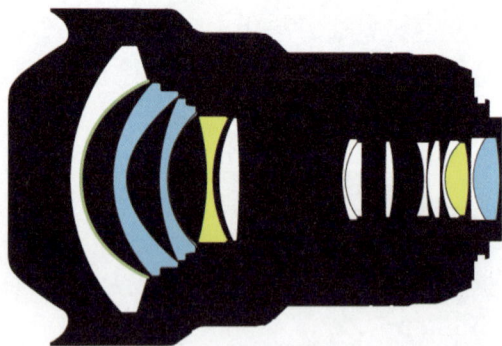

□: Nano Crystal Coat ■: Aspherical lens elements
□: ED glass elements

在这款尼康 14-24mm 超广角变焦镜头上，黄色为低色散光学镜片，蓝色为非球面光学镜片

非球面光学镜片的英文全称是"Aspheri-cal"，一般简称为"ASP"、"ASL"、"AS"或"AL"。低色散光学玻璃的英文全称为"Low Dispersion"，一般简称为"LD"，但是，各个厂商却并不都是使用"LD"称呼自家的低色散光学玻璃，例如尼康、宾得、奥林巴斯都是"ED"，佳能是"UD"，索尼是"AD"，适马、徕卡都是"APO"，腾龙是"LD"和"AD"同时都使用，图丽是"SD"。

在这款尼康 28-200mm 变焦镜头上，"ED"代表着超低色散光学镜片

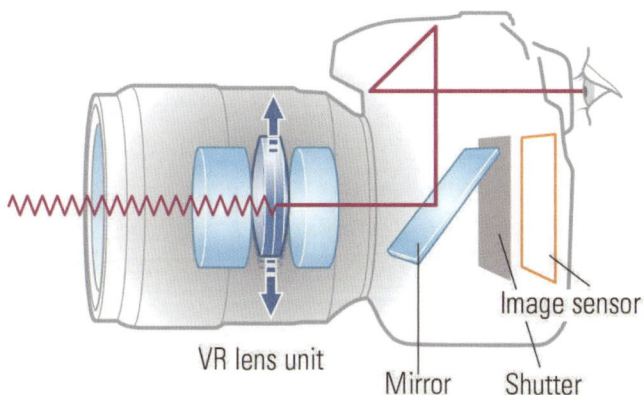

VR lens unit
Mirror　Shutter
Image sensor

尼康公司在摄影镜头内部安装了方向检测器件，可侦测镜头的各个方向的倾斜或者抖动，经过 CPU 计算之后调整某专门用于控制光路的光学镜片的倾斜角度，这样就解决了镜头抖动的问题。

光学防抖动　现在很多摄影镜头都使用了光学防抖动技术，这种技术的原理是利用陀螺传感仪检测到镜头倾斜抖动的方向和频率，然后利用马达对光学镜片的角度进行相反方向的旋转，即可抵消摄影镜头的晃动现象，最终获得清晰的数码相片。

目前，尼康和佳能在售价只有几百元钱的套机镜头上也安装了光学防抖动机构，这说明光学防抖动技术已经进入了大规模普及阶段。光学防抖动的英文简称也是各有不同，尼康用"VR"，佳能用"IS"，适马用"OS"，腾龙用"VC"，松下和徕卡用"OIS"。

尼康 18-55mm 套机镜头上的"VR"代表光学防抖动

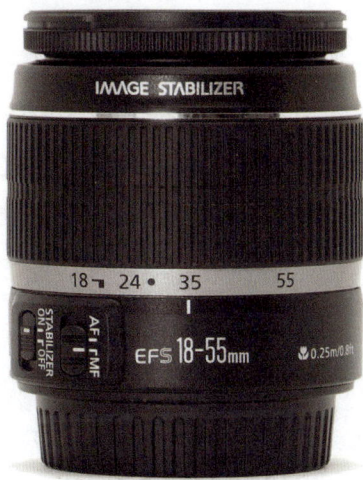

佳能 18-55mm 套机镜头上的"IMAGE STABILIZER"代表光学防抖动

尼康 18-55mm 套机镜头上的"VR"光学防抖动开关

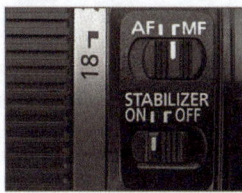

佳能 18-55mm 套机镜头上的"IMAGE STABILIZER"光学防抖动开关

通常，在开启光学防抖动功能之后，可以将安全快门速度降低约三档左右。例如，对于尼康 18-55mmVR 镜头来说，如果不开启光学防抖动功能，当快门速度慢于 1/60 秒时就容易因为手抖动而导致模糊，而开启光学防抖动功能之后，即便是 1/8 秒也能够手持拍摄到清晰的数码相片。虽然光学防抖动功能可以有效抵消由于手抖动导致的模糊，但如果将数码单反相机放置在三脚架上进行拍摄时，一定要关闭光学防抖动功能，以防对成像质量造成负面影响。

4.2

摄影镜头的焦距

在我们选购摄影镜头的时候，首先要考虑的就是焦距，焦距越短的镜头视角越大，焦距越长的镜头视角越小，根据视角的大小，我们可以把摄影镜头分为鱼眼镜头、广角镜头、标准镜头、长焦镜头。但是，在进入数码时代之后，以前的广角镜头却并没有那么"广"了，这是为什么呢？答案就是由于现在的数码单反相机所使用的CCD/CMOS影像传感器的面积比以前的35mm胶卷的成像面积要小很多的缘故。

4.2.1　焦距与等效焦距

正因为同样焦距的摄影镜头，在传统35mm胶卷相机上时视角较大，而在APS画幅的数码单反上却视角变小了，因而出现了"等效焦距"的说法。例如，我们常常说尼康18-55mm摄影镜头在尼康D90数码单反上拍摄时，相当于传统35mm胶卷相机上的28-80mm摄影镜头。

在左侧的示意图上，我们分别给35mm胶卷相机和APS画幅的数码单反相机都安装上同样焦距的28mm摄影镜头，35mm胶卷底片上记录的风景较为完整，但是APS数码单反的影像传感器却无法完整拍摄下这个场景。这就是说，相同焦距的摄影镜头，在不同的相机上的视角是不一样的。通常，APS画幅的数码单反的摄影镜头需要乘以1.5的系数才能等效于35mm胶卷相机。

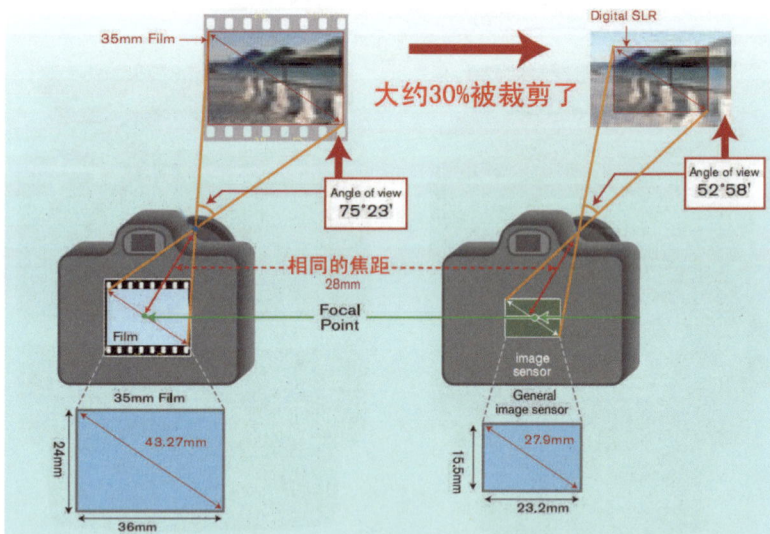

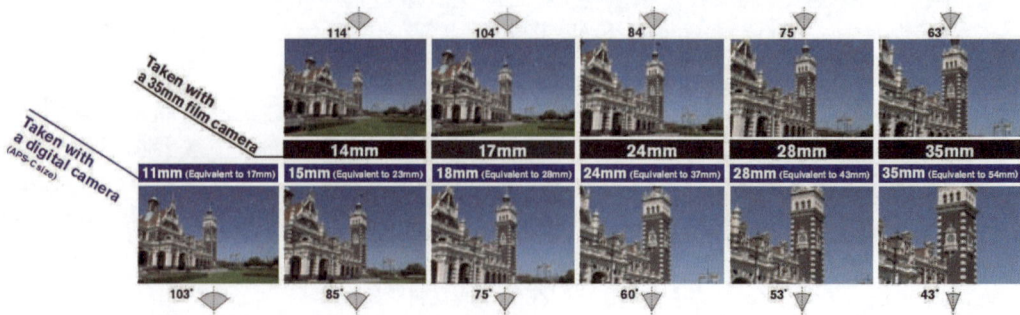

对于不同品牌的数码单反相机，等效焦距的换算倍率也不一致，这是因为它们所使用的 CCD/CMOS 影像传感器并不都是一样大小的。例如尼康、索尼、宾得、三星的 APS 画幅数码单反的等效焦距换算倍率都是 1.5 倍，可是佳能的 APS 画幅数码单反的换算倍率却是 1.6 倍。

表 4.1　常见数码单反相机的等效焦距换算倍率

	尼康 D90	尼康 D700	佳能 50D	佳能 5D2	富士 S5Pro	索尼 A700	松下 / 徕卡	宾得 / 三星
倍率	1.5 倍	1 倍	1.6 倍	1 倍	1.5 倍	1.5 倍	2 倍	1.5 倍

4.2.2　何谓APS数码单反专用镜头

由于目前 APS 画幅数码单反的 CCD/CMOS 影像传感器的成像面积比 35mm 胶卷底片要小得多，这不仅造成了"等效焦距"的换算问题，而且使得 APS 画幅的数码单反没有广角镜头可以使用。为了让 APS 画幅的数码单反也能用上广角镜头，各大厂商都推出了专门的 APS 数码单反专用镜头，例如，佳能将其称之为"EF-S"，尼康将其称之为"DX"，索尼将其称之为"DT"，适马将其称之为"DC"，腾龙将其称之为"Di Ⅱ"，图丽将其称之为"DX"。

在这款尼康 10.5mm 鱼眼镜头上，"DX"代表 APS 数码单反专用

在这款适马 18–200mm 变焦镜头上，"DC"代表 APS 数码单反专用

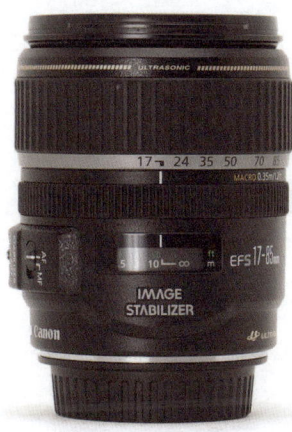

在这款佳能 17–85mm 变焦镜头上，"EFS"代表 APS 数码单反专用

APS 数码单反专用镜头用于全画幅时，会在四周留下暗影

需要引起重视的是，APS 数码单反专用镜头只能在 APS 画幅的数码单反相机上正常使用，如果将其安装在传统的 35mm 胶卷相机或者全画幅数码单反相机上面进行拍摄，就会在数码相片的四周出现明显的暗影。

此外，有一些厂商根据数码相机的特点优化设计了摄影镜头，这些摄影镜头虽然打着"数码专用"的旗号，但并不就是 APS 数码单反专用镜头。

4.3

定焦镜头 VS 变焦镜头

从摄影镜头的内部构造来看，变焦镜头比定焦镜头要复杂得多，这就造成了变焦镜头的成像素质常常比定焦镜头要差一些，尤其是业余级别的变焦镜头，其成像素质往往不如定焦镜头。那么，是不是我们就只能购买定焦镜头了呢？其实不然，选购摄影镜头的时候，首先考虑的并不是成像质量，而是用途。

为什么说不要首先考虑成像质量呢？这是因为用途往往更为重要，例如，当我们旅游的时候，可能会携带18-200mm变焦镜头，虽然这款变焦镜头的成像质量比较差强人意，但是也并不是不能接受，最关键的是这款镜头可以实现"一镜走天涯"的用途。此外，有一些专业级别的变焦镜头，其成像质量和定焦镜头几乎没有任何差别，例如佳能的L系列摄影镜头，就以其极高的成像素质受到了专业摄影师的青睐。

宾得为了增强其对高级摄影发烧友的吸引力，推出了三款素质极佳的定焦镜头：FA77mmF1.8、FA43mmF1.8和FA31mmF1.8，这些定焦镜头所独有的大光圈和虚焦效果以及超一流的成像质量，是变焦镜头所难以企及的

那么究竟什么样的拍摄场合必须用到定焦镜头呢？由于定焦镜头通常都拥有超大光圈，不仅能够在光线微弱的场合拍摄，而且能够具备极为自然的虚化效果，因而对于专业的人像摄影来说，常常会把定焦镜头当作首选。要知道，任何一款数码单反用的变焦镜头都不可能拥有F1.8或F1.4这样的大光圈。

奥林巴斯深谙定焦镜头对于资深摄影爱好者的超强魔力，也赶时髦推出了25mmF2.8这款廉价的定焦镜头，由于这样镜头非常薄，也被称之为"饼干头"。其实，尼康AI45mmF2.8定焦镜头和宾得40mmF2.8、70mmF2.4、21mmF3.2定焦镜头也都被称之为"饼干头"。这些"饼干头"甚至就可以说是一种"高级玩具"，它们满足了人们对定焦镜头的特殊偏爱

4.4 专业镜头VS业余镜头

究竟什么是专业镜头？是不是凡是价格昂贵的就是专业镜头？是不是定焦镜头都是专业镜头？对于这些问题，不同的厂商或者专家给出的答案可能都不一致。

例如，对于佳能来说，只有镜头上有"红圈"就属于专业镜头；对于尼康和宾得来说，它们可能认为大光圈定焦镜头和恒定光圈变焦镜头才是专业镜头；对于索尼来说，镜头型号中有"G"字符的才是专业镜头；对于徕卡或者蔡司来说，它们可能认为自己的每一款镜头都是专业镜头。

对于佳能、尼康、索尼、宾得、徕卡、蔡司等原厂来说，它们往往自己就把专业镜头给明确区分出来了，而且大家也都予以了认可。但是对于适马、腾龙、图丽等副厂来说，虽然它们自己也把一些质量较好的镜头单独划成一个专业系列，但消费者却不见得就买账。

虽然尼康 50mmF1.8 镜头具备非常高的成像素质，但却并不是专业镜头，而尼康 50mmF1.4 却是专业镜头

这款带有"红圈"的佳能 50mmF1.2 是 L 系列专业镜头，而常见的佳能 50mmF1.4 却并非专业镜头

专业镜头究竟有什么好处呢？

（1）专业镜头由于光圈大，进入的光线较多，自动对焦的灵敏度和准确度就很高，对焦速度也要快得多。这对于新闻摄影和人文纪实摄影都是非常重要。

（2）专业镜头即便是采用最大光圈进行拍摄，也能够有非常高的成像质量；但业余镜头往往需要将光圈缩小两三级之后进行拍摄才能获得较高的成像质量。

（3）专业镜头密封性能好，能够有效防止灰尘的进入，内部机械结构也极为可靠和耐用，故障率很低。

索尼 70-200mmF2.8 是一款"G"系列专业镜头

"金圈"是图丽专业镜头的专用标识

4.5 摄影镜头上常见字符的含义

在摄影镜头上常常会有很多英文字符和数字，它们都代表什么含义呢？下面来看看佳能、尼康、索尼、宾得、适马、腾龙、图丽镜头上的字符的含义。

"CANON ZOOM LENS"的意思是佳能变焦镜头；"EF"既是电子光学系统的英文缩写，也是镜头卡口的名称；16-35mm是焦距，1:2.8代表着这是一款恒定光圈镜头，无论焦距为16mm还是35mm，最大光圈均为F2.8，"L"是"LUXURY"（奢华）的缩写，也是佳能专业镜头的代号，"USM"是超声波马达

"EF-S"代表这款镜头是APS数码单反专用镜头，10-22mm是焦距，1:3.5-4.5代表着这是一款浮动光圈镜头，当焦距为10mm时，最大光圈为F3.5；当焦距为22mm时，最大光圈为F4.5

"DX"代表这款镜头是APS数码单反专用镜头，"AF-S"代表内置了超声波马达，18-200mm是焦距，1:3.5-5.6代表着这是一款浮动光圈镜头，当焦距为18mm时，最大光圈为F3.5；当焦距为200mm时，最大光圈为F5.6。"G"表示这款镜头上面取消了光圈调节环，"ED"代表超低色散光学玻璃

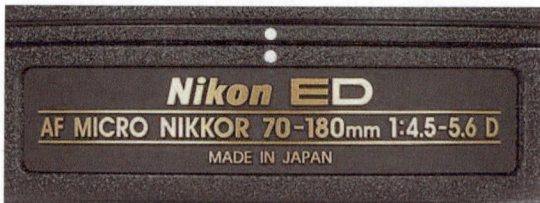

"AF"代表这是一款由机身马达驱动的自动对焦镜头，"MICRO"代表微距，70-180mm是焦距，1:4.5-5.6代表着这是一款浮动光圈镜头，当焦距为70mm时，最大光圈为F4.5；当焦距为180mm时，最大光圈为F5.6。"D"代表这款镜头可以将对焦距离信息传递给机身，以实现3D矩阵测光功能

在索尼镜头上，"DT"代表这款镜头是APS数码单反专用镜头，这种镜头不适合在索尼A900这样的全画幅数码单反上使用

在索尼镜头上，"SSM"代表着内置了超声波马达，具备更快的自动对焦。没有"SSM"标识的镜头其自动对焦将由机身内的马达驱动

在宾得镜头上，"FA"代表自动对焦，当在宾得数码单反相机上使用"FA"和"DFA"系列摄影镜头的时候，必须要把光圈调节环上的"A"标识对准镜头中心的白色指示点位置，否则将无法使用自动曝光功能。如果要使用全手动曝光模式，则可以直接通过旋转光圈调节环来设定光圈。对于这款镜头来说，可以设置的光圈范围为 F1.4 到 F22

在宾得镜头上，"SMC"代表超级多层镀膜，"DA"代表这是一款 APS 数码单反专用镜头，"1:4(22)"代表着这款镜头的最大光圈为 F4，最小光圈为 F22，"ED"代表低色散光学玻璃，"AL"代表非球面光学玻璃。"67mm"代表滤镜的直径为 67mm

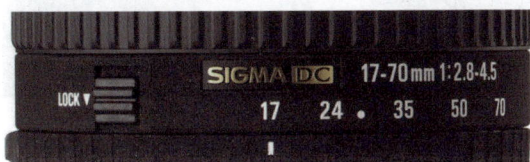

在适马镜头上，"DC"代表这是一款 APS 数码单反专用镜头，"LOCK"开关用于锁定变焦环，当锁定变焦环之后，在倾斜角度长时间曝光时就不会因为自重而使得变焦环发生滑动，此外，在运输过程中锁定变焦环也是非常有用的

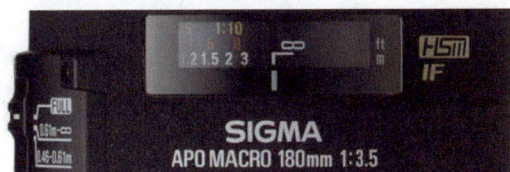

在适马镜头上，"HSM"代表镜头内置了超声波马达，具备更快的自动对焦速度，"IF"代表采用了内对焦技术，在对焦的时候最前面的镜筒不会跟着一起旋转。"APO"代表超低色散光学玻璃，"MACRO"代表微距摄影

在图丽镜头上，"DX"代表这是一款 APS 数码单反专用镜头，"AT-X PRO"代表这是一款专业镜头（究竟专业不专业，最后还得消费者说了算），"SD"代表超低色散光学玻璃，"IF"代表采用了内对焦技术

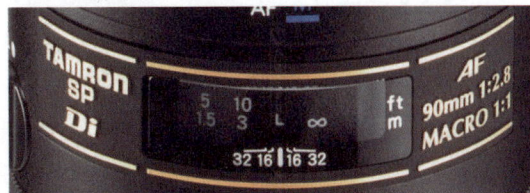

在腾龙镜头上，"SP"代表着高性能，"Di"代表着这是一款专门为数码单反进行了优化设计的镜头，"AF"代表自动对焦，"MACRO"代表微距摄影

4.6

鱼眼镜头的选用技巧

顾名思义，鱼眼镜头的外形和功能都和鱼眼非常接近，它的视角能够达到180°，能够最大化地将四周的景物纳入画面。鱼眼镜头分为两种主要类型：圆形鱼眼镜头和对角线鱼眼镜头。前者拍摄的相片上，景物全部都在一个圆环之内；后者拍摄的相片上，景物可以占满全面画面。

宾得 10~17mm 对角线型鱼眼镜头

尼康 10.5mm 对角线鱼眼镜头拍摄的相片

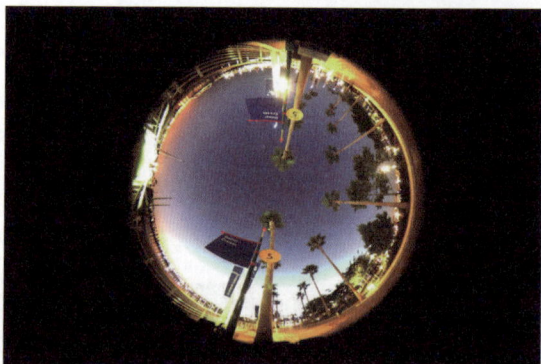

尼康 6mm 圆形鱼眼镜头拍摄的相片

对于圆形鱼眼镜头拍摄的相片，我们可以利用 Photoshop 软件的极坐标转换滤镜以及专门的 Panorama 全景软件将其展开为正常的数码相片。

对尼康 6mm 圆形鱼眼镜头拍摄的相片进行 Photoshop 处理之后的效果图

鱼眼镜头最大的特色就是严重的"畸变"，如果没有严重的畸变，那就不是鱼眼镜头了。以图丽为例，10~17mm 和 12~24mm 这两款镜头的焦距范围都很接近，但是因为前者存在严重的畸变，所以是一款鱼眼镜头，后者因为校正了严重的畸变，所以只是一款普通的超广角镜头。

再以尼康为例，尼康 14mmF2.8 的焦距比 16mmF2.8 还要短，但是，并不是焦距短的就是鱼眼镜头。由于尼康 14mmF2.8 校正了严重的畸变，视场角也只有 110°，所以只是一款普通的超广角镜头。尼康 16mmF2.8 的视场角达到了 180°，而且存在严重的畸变，所以是一款真正的鱼眼镜头。

表 4.2　鱼眼镜头一览表

品牌	型　　　　号	视场角	类型	滤镜直径	重量（克）	售价（元）
尼康	AF DX Fisheye10.5mmF2.8 ED G	180°	对角线	后置	305	4650
尼康	AF Fisheye16mmF2.8 D	180°	对角线	内置	290	4620
佳能	EF15mmF2.8Fisheye	180°	对角线	内置	330	5150
宾得	DA Fish-Eye 10-17mm F3.5-4.5	180°～100°	对角线	后置	320	3980
索尼	16mm F2.8 Fisheye	180°	对角线	后置	400	5580
适马	8mmF3.5 EX DG FISHEYE	180°	圆形	内置	400	5570
适马	15mmF2.8 EX DG FISHEYE	180°	对角线	内置	370	4080
图丽	AF 10-17mmF3.5-4.5	180°～100°	对角线	后置	350	3800

4.7 超广角镜头的选用技巧

通常，我们将焦距在 10 ～ 24mm 之内的摄影镜头称之为超广角镜头。和鱼眼镜头不一样的是，超广角镜头的视场角稍微要小一些，而且也没有那么严重的畸变。超广角镜头具备如下几个特点：①当使用最大光圈进行拍摄时，容易出现明显的"暗角"。②景深很大，即便是使用最大光圈进行拍摄，由近及远的景物基本上都是清晰的。③"近大远小"的透视变形较为明显，这有助于空间深度感的表达，用俗话说就是有利于加强数码相片的"立体感"。④有些超广角镜头也存在较为明显的畸变，但这些畸变通常可以通过 Photoshop 软件进行校正。

在使用超广角镜头拍摄时，如果想要尽可能提高数码相片的锐度和清晰度，一定要时刻记住安装遮光罩，以避免杂乱光源的进入和乱反射所导致的画质下降

首先，我们来探讨一下"暗角"的问题，从技术质量来说，我们是不希望暗角存在的，但是从艺术效果来说，我们常常希望"暗角"出现。暗角的出现有两大艺术效果：①使视线向画面中心聚焦，能够更好地引导视线，最终达到突出被摄主体的目的。②暗角其实也是一种小资情调，现在流行的"LOMO"效果，其实就是模拟了超广角镜头的暗角效果。

当然了，要想减轻暗角现象也很容易，这就是将光圈缩小两三级之后进行拍摄。例如，对于尼康 14-24mm 镜头来说，当使用 F2.8 光圈拍摄时，暗角较为明显，但当使用 F8 光圈拍摄时，暗角就大为减轻了。

F2.8（暗角明显）

F4

F5.6（暗角减轻许多）

F8

F11（暗角基本消失）

对于这两张黄昏的相片而言，"暗角"的存在是一件好事情，它增强了气氛，并使视线向画面中心汇聚

　　其次，我们来探讨一下畸变的问题。超广角镜头或多或少都存在一些畸变，尤其是在拍摄建筑物的时候更加明显，要想让相片上看不出畸变的存在，应该避免让直线在画面的四周出现，这是因为，越是靠近画面的四周，直线弯曲变形的情况就越严重。不过，由于现在是数码时代，所以这些轻微的畸变能够通过电脑后期处理软件予以校正。

这张数码相片上，靠近两侧的柱子就出现了弯曲（畸变）现象，而靠近画面中心的柱子却没有弯曲

即便是使用 F4 这样的大光圈，由近及远的景物也都是完全清晰的，这说明超广角镜头的景深很大

最后，我们来探讨一下如何利用好超广角镜头"近大远小"的问题。

要想增强画面的空间深度感，就必须让画面上出现透视变化，简单点来说，就是让景物出现"大小变化"，那如何实现呢？利用向远处延伸的线条是最常用的方法，比如说一条路，慢慢的在远方消失成为一个小圆点。总之，在拍摄风景时，应该尽可能借助线条的近大远小来强调空间深度感。

大桥的"近大远小"加强了空间深度感

线条的"近大远小"是最为常见的

近处很宽而远处很窄，这是一种极为夸张的透视效果

表4.3　常见的超广角镜头一览表

品牌	型　　号	结构	视场角	最近距离（米）	微距比率	滤镜直径（毫米）	重量（克）	参考售价（元）
尼康	AF-S DX 12-24 mm f/4G IF-ED	11/7	99°～61°	0.30	1:8.3	77	485	6860
佳能	EF-S 10-22 mm USM	13/10	107°～63°	0.24	1:5.8	77	385	4930
索尼	DT 11-18mm F4.5-5.6	15/12	104°～76°	0.25	1:8	77	360	5680
宾得	DA 12mm-24mm F4 ED AL [IF]	13/11	99°～61°	0.3	1:8.3	77	430	6380
腾龙	SP AF11-18mm F4.5-5.6 Di II LD	15/12	103°～75°	0.25	1:8	77	355	4260
腾龙	AF10-24/3.5-4.5 DI II	12/9	108°～60°	0.24	1:5.1	77	406	3700
适马	10-20 mm F4.0-F5.6 EX DC HSM	14/10	102°～63°	0.24	1:6.7	77	465	3970
适马	12-24 mm F4.5-5.6 EX DG HSM	16/12	122°～84°	0.28	1:7.1	后置	615	5260
图丽	AF11-16mm F2.8	13/11	104～82°	0.30	1:11.6	77	560	4060
图丽	AF 12-24mmF4 DX	13/11	99°～61°	0.30	1:8	77	570	3600

4.8

标准变焦镜头的选用技巧

标准变焦镜头就是在购买数码相机的时候包装盒内附送的套机镜头，例如尼康 18-55mmF3.5-5.6 或者佳能 17-85mmF3.5-5.6 等就是最为常见的标准变焦镜头。

标准变焦镜头往往兼顾了广角和中焦，能够满足一般性拍摄的需要，在选用的过程中应该注意如下几点：①如果是经常需要拍摄室内的活动，比如说婚礼或者会议，建议购买最大光圈为 F2.8 的镜头，因为小光圈的镜头在室内昏暗光线下容易出现自动对焦迟缓和失败的问题，而 F2.8 大光圈镜头就要好得多。②千万不要小看了一些售价只有几百快钱的标准变焦镜头，其实，在缩小两档光圈之后进行拍摄时，所获得的成像质量并不比专业镜头差多少。③若想尽可能虚化背景，应该使用长焦端配合最大光圈，并尽量靠近被摄主体。

在选购时，原厂的 18-50mmF2.8 镜头往往售价接近万元，但副厂镜头却只需要三千元左右，如果资金不是特别富裕，笔者建议购买副厂镜头更为划算。

佳能 18-55mmF3.5-5.6 标准变焦镜头拍摄，焦距设定为 55mm，使用最大光圈 F5.6，也能够取得较好的背景虚化效果。

表 4.4 常见的标准变焦镜头一览表

品牌	型　号	结构	最近距离（米）	微距比率	滤镜直径（毫米）	重量（克）	参考售价（元）
尼康	AF-S DX 17-55mmF2.8 G IF-ED	14/10	0.36	1:5	77	755	9080
尼康	AF-SDX18-70mm f/3.5-4.5G IF-ED	15/13	0.38	1:6.2	67	390	2190
佳能	EF-S 17-55mm f/2.8 IS USM	19	0.35	1:5.8	77	645	6890
宾得	DA 16-45 mm F4 ED AL	13/10	0.28	1:3.8	67	365	3000
腾龙	SP AF 17-50mm F/2.8 XR Di-II LD	16/13	0.27	1:4.5	67	434	3000
适马	17-70mm F2.8-4.5 DC MACRO	15/12	0.20	1:2.3	72	455	3200
适马	18-50 mm F2.8 EX DC Macro	15/13	0.20	1:3	72	450	3690
图丽	AT-X 165 PRO DX 16-50mm F2.8	15/12	0.3	1:4.88	77	610	4450

标准变焦镜头的用处很多，假如我们去公园游玩的话，它既可以拍摄较大的风景场面和到此一游的人像纪念照，也可以拍摄一些体形较大的美丽花卉。对于随机附送的套头，只要掌握一定的拍摄技巧，也是可以获得很高的成像质量的。

佳能 18-55mmF3.5-5.6 标准变焦镜头拍摄，焦距设定为 18mm，光圈 F8，远近景物都能清晰成像

佳能 18-55mmF3.5-5.6 标准变焦镜头拍摄，焦距设定为 55mm，使用最大光圈 F5.6，微距效果也还不错

佳能 18-55mmF3.5-5.6 标准变焦镜头拍摄，焦距设定为 55mm，A 光圈优先拍摄模式，使用最佳光圈 F11，获得了相当不错的锐度和分辨率，在拍摄类似场景时，套头的表现往往并不比专业镜头差

4.9

标准镜头的选用技巧

标准镜头通常是指焦距为 30mm 或者 50mm 的镜头，例如佳能 50mmF1.4 和 50mmF1.8、适马 30mmF1.4 就是最为常见的标准镜头。标准镜头的最大优势就是具备超大的光圈，而且价格不贵。

标准镜头的用处有很多：①在微弱光线下，可以不开启闪光灯就能抓拍相片。②由于光圈超大，背景虚化效果非常好，标准镜头也常常被当作"人像镜头"使用，这是标准变焦镜头所远远不能与之相比的。③标准镜头比较适合倒装在数码单反相机上面，此时，标准镜头将变成一个"微距镜头"，能够拍摄到极为细小的被摄物体。④标准镜头也很适合与近摄镜片或者近摄皮腔一起使用，其放大倍率比专业的微距镜头还要强大数倍。

佳能 50mmF1.8 标准镜头拍摄，光圈优先拍摄模式，F1.8 的光圈实现了非常自然的背景虚化效果，此外，这款镜头的对焦速度也比 18~55mm 标准变焦镜头要快得多，因而非常适合抓拍儿童。（由于儿童摄影尤其是婴儿摄影比较忌讳使用闪光灯，大光圈的标准镜头能够满足在室内不开启闪光灯就能抓拍的需要）

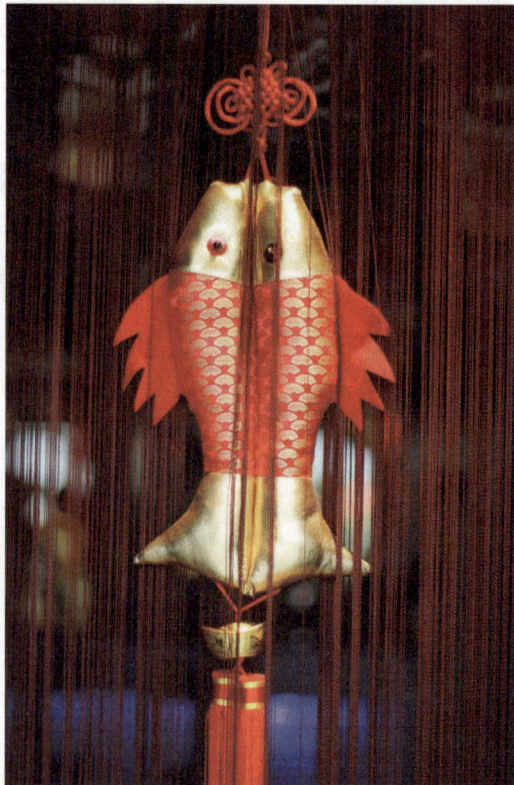

佳能 50mmF1.4 标准镜头拍摄，光圈优先拍摄模式，F1.4 的光圈足以在光线昏暗的酒吧内手持拍摄到清晰的图像，而且由于背景被完全虚化了，窗帘的丝线很容易被一根一根的识别出来。总之，对于弱光环境的抓拍来说，标准镜头往往是唯一有效的摄影器材。

对于宾得数码单反用户来说，凤凰 50mmF1.7 和理光 50mmF1.7 摄影镜头也都可以正常安装在宾得机身上进行拍摄，这无疑是非常划算的。当使用这些老款的 PK 卡口镜头时，自动对焦和自动光圈功能都将失效，此时，需要通过旋转镜头上的光圈调节环来设定光圈，拍摄模式也只能是使用全手动模式。二手市场上的凤凰 50mmF1.7 镜头才两百块钱左右，不妨一试。

这张相片是由凤凰 50mmF1.7 摄影镜头安装在宾得 K20D 机身上拍摄所得，手动设置光圈和快门，手动对焦，虽然有些麻烦，但是怀旧的乐趣也很无穷

提到微距摄影，我们可能首先会想到微距镜头，其实，只需要添加一个几百块钱的近摄皮腔或者近摄接圈就能够让标准镜头变成高倍率高品质的微距镜头。如果手头比较拮据，也可以买一块售价只有几十块钱的近摄镜片，虽然放大倍率和成像质量不如前者，但是也足够玩了。当然了，如果你纯粹是应急或者不打算花一分钱，也可以将标准镜头倒装放在机身前面，这其实也能拍摄微距相片。

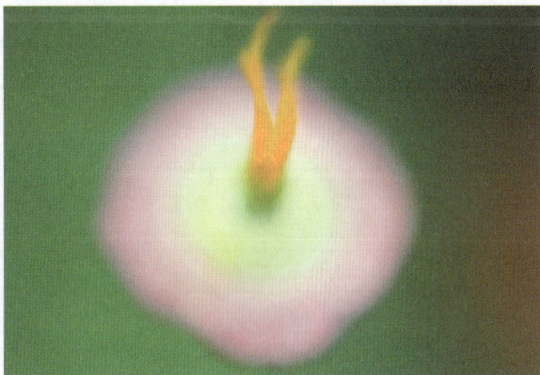

近摄皮腔配合标准镜头，能够拍摄到极其微小的景物

这两张花卉相片都是用佳能 50mmF1.4 镜头拍摄的，方法如下，将这款镜头从机身上卸下来之后，用手握住镜头倒装放在机身前面，然后通过移动机身和镜头的方法寻找焦点，即可拍摄到极为细小的景物

对于尼康相机用户来说，在选购标准镜头的时候，会遇到两款性能一样但是自动对焦驱动方式不一样的镜头：老款的尼康 50mmF1.4D 和新款尼康 AF-S50mmF1.4G。老款的尼康 50mmF1.4D 是由数码单反相机机身内置的马达进行自动对焦，而且镜头上还保留有光圈调节环，如果将老款的尼康 50mmF1.4D 安装在机身内没有马达的尼康 D50、D40、D40X、D60 等机型上使用时，则无法实现自动对焦功能，只能手动对焦。

新款尼康 AF-S50mmF1.4G 在镜头内安装了超声波驱动马达，因而在尼康 D50、D40、D40X、D60 等机型上使用时，能够正常实现自动对焦功能。

左侧为老款 50mmF1.4D，右侧为新款 AF-S50mmF1.4G，两者之间最大的区别就在于前者只能靠机身内的马达驱动对焦机构，而后者在镜头内安装了超声波马达驱动对焦机构。（AF-S 代表镜头内置超声波马达）

表 4.5　最为常见的标准镜头一览表

品牌	型　　号	结构	最小光圈	最近距离（米）	微距比率	滤镜直径（毫米）	重量（克）	参考售价（元）
尼康	AF 50mm F1.8D	6/5	22	0.45	1:6.8	52	155	750
尼康	AF 50mm F1.4D	7/6	16	0.45	1:6.8	52	230	1940
尼康	AF 35mm F2 D	6/5	22	0.25	1:4.2	52	205	2270
佳能	EF 50 mm F1.2L USM	8/6	16	0.45	1:6.8	72	590	10050
佳能	EF 50mm f/1.4 USM	7/6	22	0.45	1:6.8	58	290	2480
佳能	EF 50mm f/1.8 II	6/5	22	0.45	1:6.8	52	130	680
索尼	35mm F1.4 G	10/8	22	0.3	1:5	55	510	10700
索尼	50mm F1.4	7/6	22	0.45	1:6.8	55	220	2390
宾得	FA 43mm F1.9	7/6	22	0.45	1:8.3	49	155	N/A
宾得	FA 50mm F1.4	7/6	22	0.45	1:6.8	49	220	1850
宾得	FA 50mm F1.7	6/5	22	0.45	1:6.8	49	170	N/A
适马	30mm F1.4 EX DC HSM	7/7	16	0.40	1:10.4	62	430	3270

4.10

人像镜头的选用技巧

虽然说标准镜头也可以用于人像摄影，而且效果也还比较不错。但如果是真正想要以拍摄人像为主的话，建议还是购买专业的人像镜头，例如85mmF1.8和85mmF1.4都是非常好的选择。通常，85mmF1.4的价格是85mmF1.8的两倍，如果不是靠拍摄人像赚钱的话，笔者认为85mmF1.8就足够用了。

尼康85mmF1.8在全开光圈拍摄时，虚化效果非常理想

尼康85mmF1.8人像镜头是非常值得拥有的一款物美价廉的镜头

佳能85F1.2是人像镜头中的极品，被称之为"镜皇"，但它的售价也高达万元以上，这是职业人像摄影师的必备杀手铜

在传统胶卷相机的时代，还有一种具备"模糊"风格的软焦点人像镜头，这种镜头在数码时代几乎没有什么用处，因而基本上被淘汰了。

表4.6　常见的人像镜头一览表

品牌	型　　号	结构	最小光圈	最近距离（米）	滤镜直径（毫米）	重量（克）	参考售价（元）
尼康	AF 85mm F1.4D	9/8	16	0.85	77	550	6560
尼康	AF 85/1.8D	6/6	16	0.85	62	380	2600
尼康	AF DC 105/2D	6/6	16	0.90	72	640	6500
佳能	EF 85/1.2 L II U	8/7	16	0.95	72	1025	13720
佳能	EF 85/1.8 U	9/7	22	0.85	58	425	2700
佳能	EF 135/2.0L USM	10/8	32	0.90	72	750	6930
索尼	Planar T* 85/1.4 ZA	8/7	22	0.85	72	650	10480
索尼	Sonnar T* 135/1.8 ZA	11/8	22	0.72	77	985	11400
宾得	DA70/2.4	6/5	22	0.70	49	130	3400

4.11

微距镜头的选用技巧

如果你要问什么镜头最值得拥有？我的回答一定是微距镜头。为什么呢？这是因为微距镜头的用途最多，而且也最实用。对于大多数摄影爱好者来说，并非每天都能出远门去拍摄风景，也并非每天都能约到美女拍摄人像，但却每天都可以拍摄微距相片，几乎无论什么地方都有花花草草和昆虫。而且，微距镜头用来拍摄人像，也具有较好的效果。

微距镜头常见的规格有两种：50mmF2.8和105mmF2.8。在实际拍摄中，105mmF2.8更实用一些，而且推出105mmF2.8这种规格的厂商也特别多。此外，还有一种焦距较长的微距镜头也比较受到专业摄影师的青睐，这就是180mm焦距的微距镜头，当使用这种微距镜头拍摄的时候，能够使背景更加简洁，对于花卉和昆虫这两种题材来说，180mm焦距的微距镜头无疑是最佳的选择，不过它的价格是105mm规格的两倍。

焦距较长的微距镜头，能够获得更加简洁的画面

在使用微距镜头的时候，最需要注意的两点就是对焦和光圈设置了。由于微距镜头在自动对焦的时候常常会对不准自己想要的位置，因而常常会使用手动对焦方式。此外，由于微距镜头的拍摄距离非常近，因而景深非常小，为了获得必要的景深，常常会使用F11和F16这样的小光圈。下面是腾龙90mmF2.8微距镜头在拍摄青蛙时的情况。

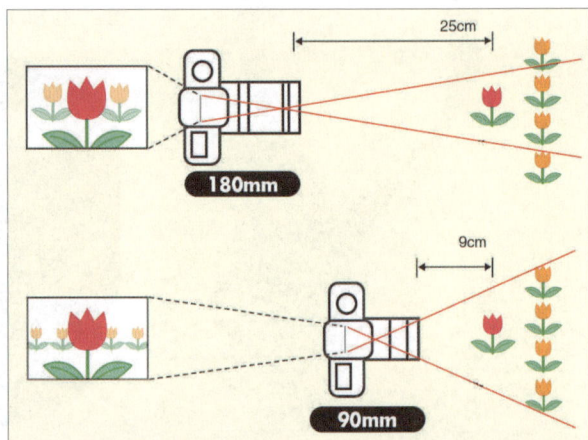

左侧为手动对焦，右侧为自动对焦。为了防止对焦失误，手动对焦是非常有必要的。此外，微距镜头的景深非常小，如果要想使青蛙的头部和尾部同时都很清晰，必须使用F16这样的小光圈

微距镜头的景深很小，在对焦的时候需要格外仔细。这幅相片采用尼康105mmF2.8VR 微距镜头拍摄，光圈设置为 F4

对于业余人士来说，100mm 微距镜头的拍摄成功几率要大于 180mm 微距镜头，这是因为 180mm 微距镜头的景深非常小，很不容易确认对焦，而且由于焦距较长，手的轻微抖动也容易导致模糊。因此，虽然 180mm 微距镜头能够获得更佳的效果，但因为使用多有不便，所以对于非专业人士，选择物美价廉的 100mm 微距镜头更方便实用一些。在所有的微距镜头之中，腾龙 90mmF2.8 是最物美价廉的一款，对微距摄影感兴趣的不妨一试。

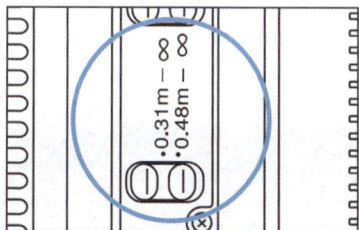

在佳能 100mmF2.8 镜头上可以对自动对焦距离进行限制以提高对焦速度

在使用微距镜头的时候，常常会发现无法将光圈设置为最大光圈值的情况，比如说在使用佳能 100mmF2.8 微距镜头拍摄时，如果摄影镜头太过于接近被摄主体，此时的最大光圈将仅仅只有 F5.9，这并不是镜头出现了质量问题，而是因为通常摄影镜头的最大光圈都是在无限远对焦情况下计算出来的，当摄影镜头对很近的物体聚焦时，会损失很多光线，因而最大光圈就不再是 F2.8 了。

表 4.7　常见的微距镜头一览表

品牌	型　号	结构	最小光圈	最近距离（米）	微距比率	滤镜直径（毫米）	重量（克）	参考售价（元）
尼康	AF-S VR 105mm f/2.8G IF-ED	14/12	32	0.31	1:1	62	720	6350
佳能	EF 100mm f/2.8 USM	12/8	32	0.31	1:1	58	580	5880
索尼	100mm F2.8 Macro	8/8	32	0.35	1:1	55	505	3920
宾得	D FA Macro 100mm F2.8	9/8	32	0.30	1:1	49	345	4280
腾龙	SP AF 90mm F/2.8 Di	10/9	32	0.29	1:1	55	405	2900
适马	MACRO 105mm F2.8 EX DG	11/10	45	0.31	1:1	58	450	2750
图丽	100mmF/2.8 MACRO	9/8	32	0.30	1:1	55	490	2900

4.12

长焦变焦镜头的选用技巧

虽然说标准镜头和微距镜头都非常实用，但是和长焦变焦镜头相比，它们的魅力就失色很多了。为什么会这样呢？也许是因为每个人都有"偷窥欲"吧。很多人购买了长焦变焦镜头，可是却发现真正拍摄到出色摄影作品的机会却并不是很多。的确如此，长焦变焦镜头的实用性其实并不高，但又确实是最受关注而且销售量最高的镜头品种之一。

尽管大多数人都喜欢用长焦变焦镜头偷拍街头美女，但如果仅仅是为了这个目的而购买长焦变焦镜头就太没劲了。事实上，长焦变焦镜头拍摄人像的效果并不很理想，如果使用焦距超过 100mm 的镜头拍摄人像，你会发现效果将会非常"平淡"，而且背景被完全虚化为色块，这就失去了"影影绰绰"的朦胧美。如果是为了拍摄美女，还是选用专业的 85mm 人像镜头最为合适。笔者认为长焦变焦镜头最适合的拍摄题材有三个：①新闻和体育摄影，比如说现场抓拍人物特写（但请注意，这种现场人物照片并非美女照片，拍摄美女照片还是用人像镜头为好）。②荷花摄影。③鸟类摄影。

长焦变焦镜头也分为两大类：浮动光圈型和恒定光圈型。通常，恒定光圈型都比较贵，例如尼康 70-200mmF2.8VR 售价高达一万三千多元，而尼康 70-300mmF4.5-5.6VR 却只需要三千多元即可，就是因为光圈不同，售价相差近万元。恒定光圈型固然有很多优势，但浮动光圈型以其轻巧便携和不错的成像质量，也能够满足我们绝大多数拍摄要求。

在使用长焦变焦镜头拍摄的时候，最好不要使用最大光圈进行拍摄，否则你会发现景深太小而导致被摄主体也不能完全保证清晰，通常，将光圈缩小一两级就可以获得必要的景深。

浮动光圈型的典型代表：尼康 70-300mmF4.5-5.6VR 摄影镜头，售价 3000 元左右

恒定光圈型的典型代表：尼康 70-200mmF2.8VR 摄影镜头，售价高达 13000 元

物美价廉的典型代表：腾龙 70-300mmF4.5-5.6 摄影镜头，售价 1200 元左右

长焦变焦镜头最适合拍摄荷花，这张照片使用了图丽 100-300mmF4 恒定光圈镜头，使用光圈优先模式，为了使景深稍微比 F4 光圈时大一些，最终采用了 F5.6 光圈设定，焦距值设定为 300mm，背景虚化较为合宜

光圈优先 VS 快门优先

在使用长焦变焦镜头拍摄时，有两种关于拍摄模式的典型观点：

（1）为了控制背景虚化程度，应该选择使用光圈优先模式，并将光圈设置为比最大光圈小一级。

（2）为了防止手的抖动导致的模糊，应该选择快门优先模式，并将快门速度设置为较快的数值，例如 1/250 秒或 1/500 秒。

如果是在晴朗户外拍摄，最好还是使用光圈优先；而当在阴天或者室内拍摄时，可以使用快门优先。

尼康 70-300mmF4-5.6VR 摄影镜头，光圈优先模式，F5.6，焦距设置为 300mm，开启光学防抖动功能能够确保清晰度

确保清晰度的技巧

在使用长焦变焦镜头拍摄时，如果光线不好的话，快门速度就会较低，例如 1/30 秒或者 1/60 秒的快门速度也是经常会遇到的，如果手持拍摄的话，无疑很难保持清晰度，此时就要使用独脚架了，这样很容易得到清晰的相片。

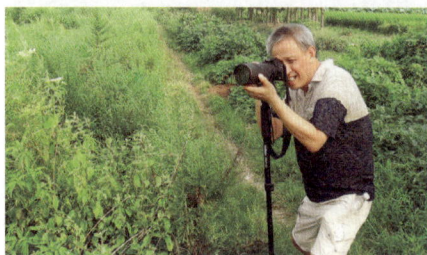

独脚架不仅避免抖动确保清晰度，而且还可以避免你的手腕或者脖子因为承受数码单反和摄影镜头的重量而酸痛

图丽 100-300mmF4 摄影镜头，光圈优先模式，F5.6，焦距设置为 300mm，使用了独脚架，即便快门速度只有 1/125 秒，但仍然能够确保清晰度

表 4.8　常见的长焦变焦镜头一览表

品牌	型　号	结构	最近距离（米）	微距比率	滤镜直径（毫米）	重量（克）	参考售价（元）
尼康	AF-S VR 70-300mm f/4.5-5.6G IF-ED	17/12	1.5	1:4	67	725	5050
尼康	AF-S VR 70-200mm f/2.8G IF-ED	21/15	1.4	1:5.6	77	1430	12400
尼康	AF 80-200mm/f2.8D ED (NEW)	16/11	1.8	1:5.9	77	1300	6490
佳能	EF 70-300 mm F4.0-F5.6 IS USM	15/10	1.05	1:3.8	58	630	4900
佳能	EF 70-200mmf/2.8L USM	18/15	1.5	1:4.8	77	1310	9500
佳能	EF 70-200mm f/2.8L IS USM	23/18	1.4	1:5.9	77	1570	13800
索尼	75-300mm F4.5-5.6	13/10	1.5	1:4	55	460	2080
索尼	70-200mm F2.8 G	19/16	1.2	1:4.8	77	1340	22600
腾龙	SP AF70-300mm F/4-5.6 Di LD	13/9	0.95	1:2	62	435	1500
适马	70-300mm F4-5.6 APO DG MACRO	14/10	0.95	1:2	58	550	1500
适马	APO 70-200mm F2.8 EX DG Macro HSM	18/15	1.0	1:3.5	77	1380	6130

4.13 长焦定焦镜头的选用技巧

长焦变焦镜头虽然"廉价"，但是却难以应付专业的鸟类和体育摄影，因此，长焦定焦镜头的存在就非常必要了。长焦定焦镜头不仅具备极大的光圈，而且还可以很好地和增倍镜一起使用。不过当长焦定焦镜头和增倍镜一起使用时，进光量会减少，例如，对于 300mmF2.8 这款镜头来说，当安装 1.4 倍增倍镜时，最大光圈将缩小一级变成 F4；当安装 2 倍增倍镜时，最大光圈将缩小两级变成 F5.6。虽然如此，但还是比长焦变焦镜头的光圈要大。而且，定焦镜头的对焦速度和成像质量都是变焦镜头难以逾越的。

尼康 600mmF4VR 摄影镜头，是野生鸟类摄影和体育摄影的最佳选择

适马的 2 倍和 1.4 倍增倍镜，虽然售价都只有约一千多元，但用处却非常大

长焦定焦镜头配合增倍镜一起使用时，不仅可以延长焦距，而且由于最近对焦距离并没有改变，因而微距摄影能力就得到了提升。所以在拍摄体形较小的动物，比如说松鼠或翠鸟的时候，使用长焦镜头和增倍镜的组合能够较好的使被摄主体充满画面。

由于长焦定焦镜头都比较笨重，因此三脚架是必需的，在使用三脚架的时候，应该将三脚架和摄影镜头连接在一起，而不是把数码单反的机身和三脚架连接在一起。

佳能 300mmF2.8 摄影镜头，配合佳能 1.4 倍增倍镜，光圈优先模式，F5.6，由于对焦速度比普通的长焦变焦镜头要快得多，因而在抓拍运动物体时也能够有较高的成功几率

4.14

折反射镜头的选用技巧

　　折反射镜头是一种较为特殊的镜头：①它只有一档固定的光圈可以使用，一般是 F5.6 或者 F8。②它所拍摄的相片上，虚焦处会有"圆环"出现，这是折反射镜头的最大艺术魅力所在。

　　提起折反射镜头，我们可能就会想起俄罗斯镜头，这是因为在过去很长时间内，市场上只有俄罗斯的折反射镜头可以购买到，俄罗斯 500mmF8 折反射镜头现在的售价也只有约 1200 元左右，非常物美价廉。但是，俄罗斯的折反射镜头在安装到现在的数码单反上之后，就无法对无穷远聚焦了，所以使用会受到一定的限制。

这位摄影爱好者正在使用俄罗斯 500mmF8 折反射镜头拍摄荷花，在荷花相片上我们可以看到一圈圈的圆环

　　最近，肯高（Kenko）推出了两款质量不错的折反射镜头：500mmF6.3DX 和 800mmF8DX。这两款镜头的做工非常精细，操作手感和成像质量也比俄罗斯镜头要好，而且最重要的是它们的价格并不算贵，大概在 2000 元左右吧。在实际使用的时候，500mm 的折反射镜头实用性更好一些。

　　最适合使用折反射镜头拍摄的题材有两个：荷花和白鹭。

肯高（Kenko）500mmF6.3DX 是专门为 APS 数码单反设计的，换算为 35mm 胶卷等效焦距约为 750mm

为了拍摄到这些闪烁的"圆环"，应该采用"逆光"，例如下午四点钟左右的阳光就很不错

由于折反射镜头只有一档固定光圈（也就是说光圈是不可调节的），因此最好使用快门优先模式：只要在设定好快门速度拍摄之后，然后再根据曝光的实际情况决定是否提高或者减慢快门速度

在使用折反射镜头拍摄的时候，为了让画面上出现一圈圈的"圆环"，应尽量使用逆光拍摄，尤其是上午九点前后和下午四点前后的时候，阳光在水面上呈现出波光粼粼的效果，此时，我们就能够很容易拍摄到拥有迷人的炫目耀眼的金色"圆环"了。

由于折反射镜头大多都只能使用手动对焦模式，为了提高拍摄成功率，可以采用"焦点包围法"进行拍摄，也就是在对好焦点之后，将对焦环稍微向前和向后旋转一点点，然后一一按下快门。

4.15

大变焦旅游镜头的选用技巧

18-200mm 或者 18-250mm 大变焦镜头因为可以实现 "一镜走天涯"，所以也被称之为 "旅游镜头"。这种镜头最大的好处就是省事，有了这种镜头，旅游的时候你就不必再带上其他镜头了。目前，各厂商都有推出这种规格的镜头，这其中以尼康 18-200mm 的成像质量最好，腾龙 18-200 的也还不错。在选购这类镜头时，一定要选择有光学防抖动功能的型号，这有助于提高阴天或者室内的拍摄成功率。

18-200mm 镜头的长焦端虽然能够将远处的物体拉近拍摄，但由于最大光圈只有 F5.6，虚化效果并不是十分理想

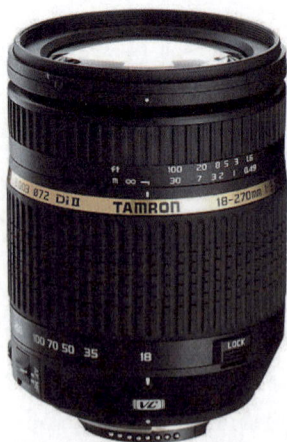

虽然 18-200mm 或者 18-250mm 大变焦镜头非常实用，但也存在如下几个问题：①成像质量一般，缺少锐度，而且尤其是在使用一段时间之后，由于内部机械部件磨损精度下降，导致成像质量会下降。②自动对焦经常会失灵，即便是在白天，有时候也会找不到焦点，在光线不好的情况下，对焦尤为缓慢。③如果是拍摄会议或婚礼，建议使用变焦倍率稍小一些的 18-135mm 或者 18-85mm 这样的镜头，较快和较准确地自动对焦速度有助于抓拍。

对于全画幅数码单反来说，28-300mm 镜头就相当于 APS 数码单反上的 18-200mm 镜头。但购买全画幅数码单反的用户一定是追求顶级成像质量的，不应该为了图省事而使用这种成像质量一般的所谓全能镜头。

当然，也并不是所有的此类镜头就都成像质量一般，例如佳能 28-300mmF3.5-5.6 就是一个例外，这款佳能 28-300mmF3.5-5.6 镜头属于 "L" 系列专业镜头，具备非常高的成像质量，和它的高成像品质一样高的是它的价格，这款镜头售价高达两万多元。

腾龙 18-270mmVC 镜头是目前变焦倍率最大的 APS 数码单反镜头，它的等效焦距约为 28-419mm

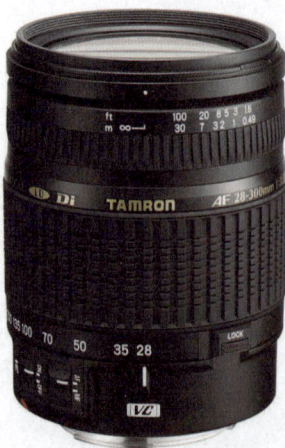

腾龙 28-300mmVC 镜头是一款可供全画幅数码单反使用的镜头，例如尼康 D3/D700、佳能 5D、索尼 A900

尼康 18–200mmVR 镜头，光圈优先模式，F8，焦距设定为 18mm 广角端。由于使用了这款镜头的最佳光圈，因而锐度和分辨率还相当不错，要想提高这款摄影镜头的成像质量，请一定记住使用最佳光圈进行拍摄

表 4.9　常见的大变焦旅游镜头一览表

品牌	型　号	结构	最近距离（米）	微距比率	滤镜直径（毫米）	重量（克）	参考售价（元）
尼康	AF-S DX VR 18-200mmf/3.5-5.6G IF-ED	16/12	0.5	1:4	72	560	4650
索尼	DT 18-200mm F3.5-6.3	15/13	0.45	1:3.7	62	405	N/A
索尼	DT 18-250/3.5-6.3	16/13	0.45	1:3.7	62	440	3900
佳能	EF-S 18-200mm f/3.5-5.6 IS	16/12	0.45	1:5	72	600	4100
佳能	EF 28-300/3.5-5.6 L IS USM	22/16	0.70	1:3.5	77	1670	18000
腾龙	AF 18-200mm F/3.5-6.3 XR Di II	15/13	0.45	1:3.7	62	398	3400
腾龙	AF18-250mm F/3.5-6.3 Di-II LD	16/13	0.45	1:3.5	62	430	3900
适马	18-200mm F3.5-6.3 DC	15/13	0.45	1:4.4	62	405	2490
适马	18-200 mm F3.5-6.3 DC OS	15/13	0.45	1：3.9	72	610	3440

4.16

偏振镜片的选用技巧

偏振镜是一种在风景摄影和微距摄影中经常用到的滤镜,它的主要作用有三个:①它可以消除非金属表面的反光,比如说玻璃、叶子或者水面的反光。②它可以提高色彩饱和度,比如说加强蓝天和建筑物的色彩。③由于它可以起到阻止部分光线通过的作用,因而也可以作为"灰镜"使用,在拍摄瀑布流水的时候非常有用。偏振镜也主要有两种:线偏振镜(PL)和圆偏振镜(CPL),如果经济宽裕,最好是选购圆偏振镜(PL)。

偏振镜看起来是"深灰色"的,它可以起到阻止部分光线通过的作用,因而也可以用作"灰镜"

在数码摄影时代,偏振镜最大的用途就是消除叶子或者水面的反光,这是后期图像处理软件不可代替的。

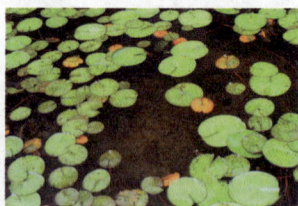

在使用偏振镜拍摄时,必须不断旋转镜片,直到反光被消除为止后才可以拍摄

在选购偏振镜的时候,一定要注意偏振镜的厚度,太厚的偏振镜可能会像遮光罩一样挡住正常的成像光线,最终在相片的四周留下明显的"暗角"。所幸的是,现在有一些厂商推出了数码专用偏振镜,这种偏振镜比较薄,非常适合安装在超广角镜头上使用。

有的人喜欢不分场合滥用偏振镜,其实,如果我们是去云南、西藏、新疆这样的地方采风摄影的话,由于天空本来就很蓝了,如果此时再使用偏振镜,可能会使得天空非常的暗,这反而不好。就我个人经验来说,即便是拍摄的相片上蓝天不够蓝,其实也是可以很容易利用 Photoshop 软件进行校正的。

在拍摄树林、草地或者建筑物的时候,使用偏振镜可以消除反光,加强色彩饱和度。如果我们去九寨沟、长白山天池或者洱海这样的地方拍摄水景时,偏振镜也是非常有用的。

偏振镜可以使原本不怎么蓝的天空变得更蓝一些,但是这种效果利用 Photoshop 软件也能够轻易获得

4.17

微距近摄镜片的选用技巧

专业的微距镜头一般售价在 3000 元左右，对于经济不够宽裕的朋友可能只能望而兴叹。其实，有一种很廉价的微距摄影器材，这就是近摄镜片。近摄镜片可以安装在任何摄影镜头上使用，它可以使没有微距功能的普通镜头具备一定的微距摄影能力。

低档近摄镜片通常是 4-5 片一套打包销售，在镜框上标有 "+1"、"+2" 等数字，数字越大则放大倍率越大。既可以一次只用一片滤镜，也可以同时叠加使用多片滤镜以追求更大的放大倍率

高档近摄镜片一般是单片销售，这种高档近摄镜片的规格型号比低档镜片要多一些，而且通常都做了多层镀膜处理，具备较高的成像品质

近摄镜片也分为两大类型：①廉价的低档近摄镜片，通常四片一套也就差不多 80 元而已，但它对成像质量的负面影响较大。②名贵的中高档近摄镜片，比如说佳能 500D 型近摄镜片，它具备非常好的成像质量，但是价格也比较贵，约需要 1000 多元。

不过现在也有国产厂商推出了高档近摄镜片，而且价格不算太贵，一般只需要 300 ～ 400 元即可。这种近摄镜片配合 50mm 标准镜头使用时，能够获得非常不错的成像质量。

在使用近摄镜片拍摄时，摄影镜头将无法对正常景物聚焦，要想对准焦距，只能采取通过前后移动数码相机的位置的方法

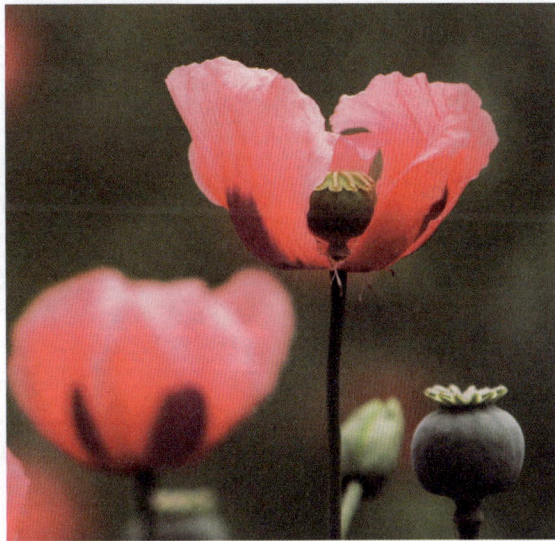

近摄镜片的景深很浅，而且自身存在的较大像差也会对成像质量造成负面影响了，为了尽可能获得较高的成像质量，应该将光圈缩小三级后拍摄

4.18

焦点选择与创意艺术

　　摄影是"选择"的艺术，尽管有人说摄影是完全真实地记录被摄物体的本来面貌，但即便是将数码相机固定在三脚架上不动，不同的摄影师通过对焦点和光圈的控制，所得到的相片也都不可能完全一致。

　　就像世界上没有一片完全一模一样的叶子，我敢说，世界上每一个摄影师在面对同一个场景的时候，也不太可能拍摄出完全一模一样的相片。

　　尤其是摄影镜头，利用对焦点的选择和光圈的控制，我们可以在同一个场景获得意境完全不同的多张数码相片。对于一个经验丰富的摄影师来说，一定深谙此道。

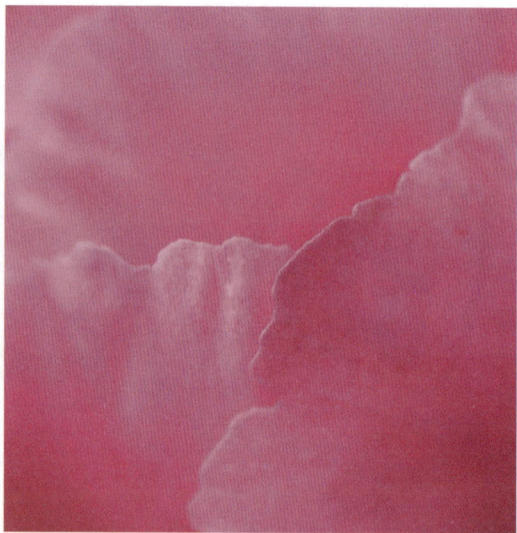

摄影师将微距镜头的焦点对准了其中的一片花瓣

这是一张用长焦镜头拍摄的非常有趣的数码相片，摄影师通过对焦点的选择让最有意思的枝干变得清晰起来，同时利用 F2.8 这样的大光圈将后面的枝干予以虚化，如果稍有不慎，就会变成另外一幅相片

"聚焦"是摄影镜头的重要创意手段

"聚焦"是一个非常典型的动词，在十几年前，摄影师们都是依靠手动人工聚焦，每一次拍摄的过程都是精心构思的结果。自从自动对焦技术普及之后，很少再有人会花费时间和心思在聚焦上面了。

其实，如果一味的依靠数码相机自动选择对焦点完成聚焦，常常是无法实现一些个性化的创意的，因此，在必要的时候，我们还是需要人工选择焦点。

有时候，我本人更喜欢使用"焦点包围曝光法"，也就是将对焦环前后轻微移动的同时多拍摄几张相片，然后从中选出最好的。

在高度自动化的今天，虽然我们可以把一切技术都交给数码相机完成，但"聚焦"依靠自己才最靠谱

4.19 本章疑难问题解答

问：为何我拍摄的数码相片上有非常生硬的"暗角"？

答：这可能有四种情况：①你可以将 APS 数码单反专用镜头安装在了全画幅数码单反上，所以会出现大面积的暗角。②你可能将遮光罩的方向安装错了，这也会导致出现非常难看的暗角。③可能是你的摄影镜头上安装了多片滤镜，这些滤镜就相当于安装错误的遮光罩，也会在相片上留下暗角。④可能是你使用了厚度较厚的偏振镜，如果是这样的话，建议换一片稍薄一些的数码专用偏振镜。

这是因为安装了较厚的偏振镜所造成的暗角

这是因为遮光罩的安装方向错误所造成的暗角

问：为何我拍摄的建筑物相片上产生了变形现象？

答：当我们使用鱼眼镜头或者超广角镜头拍摄建筑的时候，常常会发现非常明显的弯曲变形现象。要想减轻这种变形现象，首先应该选择畸变较小的摄影镜头，其次，我们可以利用后期图像处理软件进行校正，比如说佳能的 DPP、尼康的 CaptureNX、Adobe 的 Photoshop，这些软件都能较好的校正因为镜头畸变导致的弯曲变形。

图丽 10-17mm 超广角镜头造成了建筑物的弯曲变形

问：如何才能在夜晚将灯光拍摄成为星光光芒效果？

答：有两种方法：①使用光圈优先或者全手动拍摄模式，将光圈设置为 F16 或者 F22，光圈越小，则星光效果越明显。②在摄影镜头前面安装星光效果滤镜，这样即便是使用最大光圈进行拍摄，也能获得非常明显的星光光芒效果。

将光圈设置为 F16，即可形成星光光芒效果

在镜头上安装星光滤镜，将会形成强烈的星光效果

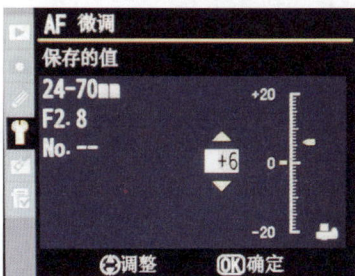
尼康 D3 可以对 AF 自动对焦进行细微调整，以校正"跑焦"问题

尼康 D3 可以对镜头内没有安装 CPU 的老款镜头提供更好支持

问：现在的数码单反相机对摄影镜头有更多支持功能吗？

答：是的，现在的数码单反单反相机，比如说尼康 D3/D300/D90 和佳能 50D 等机型能够提供更多功能，以便更好的发挥出摄影镜头的最佳性能。例如"暗角"校正功能就是非常有用的。

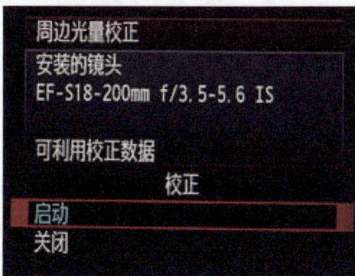
佳能 50D 可以对一些常用摄影镜头进行"暗角"校正

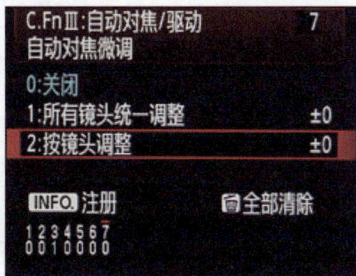
佳能 50D 也支持 AF 自动对焦微调功能以校正"跑焦"问题

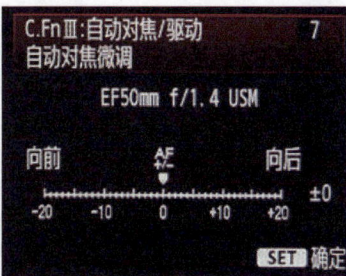
这是佳能 50D 对 50mmF1.4 标准镜头进行 AF 自动对焦微调的菜单

Chapter
05
彻底掌握数码单反的
特殊摄影手法

本章导读

　　想玩点新鲜的吗？那就跟着笔者进入特殊摄影的广阔天地吧。也许你从来都是坚持使用获得最佳成像的十条法则来拍摄，那么，在本章中这些法则都可以被抛弃到九霄云天。追随摄影法虽然无法获得极为清晰的效果，但是却能够产生强烈的动感。也许，在大家都追求噪点最少的时候，反而那些颗粒感最强烈的数码相片更有摄人心魄的力量。总之，摄影艺术没有禁忌，大胆尝试、挥洒创意激情常常会使你技高一筹。

5.1

追随摄影法

在拍摄运动物体的时候，如果我们在移动数码相机跟踪运动物体的同时按下快门，则很容易制造出背景虚化的效果，同时，由于运动物体和数码相机保持了相对静止，因而运动物体仍然比较清晰。在使用追随摄影法时，应采用快门优先模式，并根据实际情况将快门速度设置为 1 秒至 1/250 秒。通常，对于自行车和奔跑者，1/60 秒左右比较合适；对于赛车等高速物体，1/250 秒左右比较合适。

快门优先模式，1/250 秒，背景虚化但赛车仍然有较好的清晰度

快门优先模式，1/30 秒，在将数码相机跟着被摄主体移动的过程中按下快门，即可获得虚化效果

快门优先模式，1/30 秒，由于移动数码相机的速度不一样，因而这两张相片的虚化程度稍有差异

因为有 Photoshop 的缘故，现在有不少人喜欢在拍摄时用高速快门将运动物体拍摄的非常清晰，然后再利用 Photoshop 软件对背景做虚化处理，这是一种"数码追随"摄影技术。

这两张相片在拍摄时都采用了 1/500 秒或者更快的高速快门凝固运动，后期使用 Photoshop 软件虚化背景

快门优先模式，1/15 秒，由上至下纵向移动数码相机的同时按下快门，产生了印象派绘画的风格特效

追随摄影法不仅适合于拍摄运动物体，也非常适合拍摄风景，据说国外有个著名摄影师，常常用几秒钟的曝光时间追随拍摄风景，能够拍摄到非常迷人的印象派摄影作品。

在拍摄夜景的时候，如果使用追随法，则可以将灯光幻化成为"跳动的音符"，这是一种非常有趣的效果。总之，数码摄影最大的规则就是没有规则，千万不要有所禁忌，一切都可以大胆尝试。

快门优先模式，1/10 秒，在按下快门时从左至右横向移动数码相机，制造出光线仿佛正在跳舞的特效

5.2

变焦摄影法

当使用变焦镜头拍摄时，如果在按下快门的同时转动摄影镜头的变焦环，将会产生非常有趣的拍摄效果，尤其是夜景摄影时采用这种方法常常会有意想不到的收获。

正常拍摄的效果

佳能 28-80mm 摄影镜头，M 全手动曝光模式，1 秒钟，F11，在拍摄时转动了镜头上的变焦环

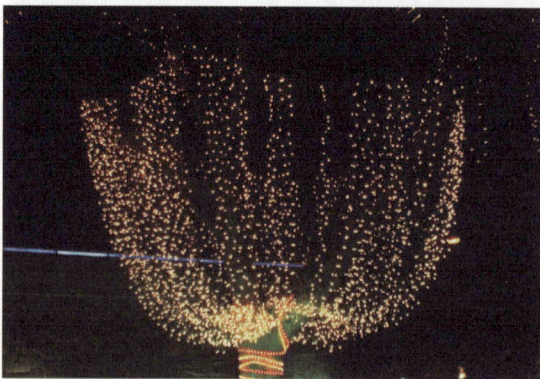

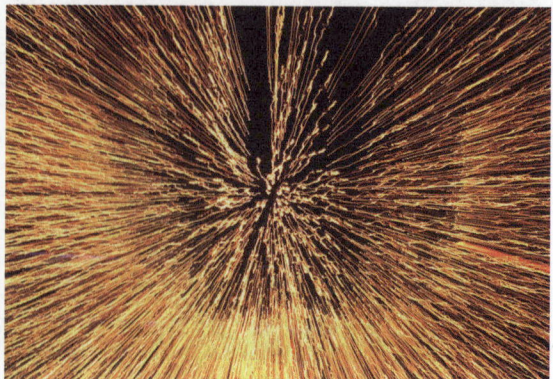

左侧为正常拍摄，右侧为变焦摄影法拍摄，小电珠变成了一道道金光闪闪的轨迹，非常美丽

正常拍摄的效果

使用变焦摄影法拍摄时应注意如下几点：①最好使用三脚架固定住数码相机。②夜景拍摄的曝光时间最好大于 1 秒，转动变焦环时一定要保持匀速。③如果曝光时间较长，比如说 4 秒，则可在转动变焦环的过程中轻微停顿一下，这会制造出清晰的虚影轮廓。④别以为变焦摄影只能用于夜景，其实在白天也是可以使用这种技法的，对于广角镜头，快门速度应设置为 1/30 秒左右，对于长焦变焦镜头，快门速度应设置为 1/125 秒左右。

M 全手动曝光模式，1 秒钟，F13

在白天照样可以采用变焦摄影法，1/30 秒，F22

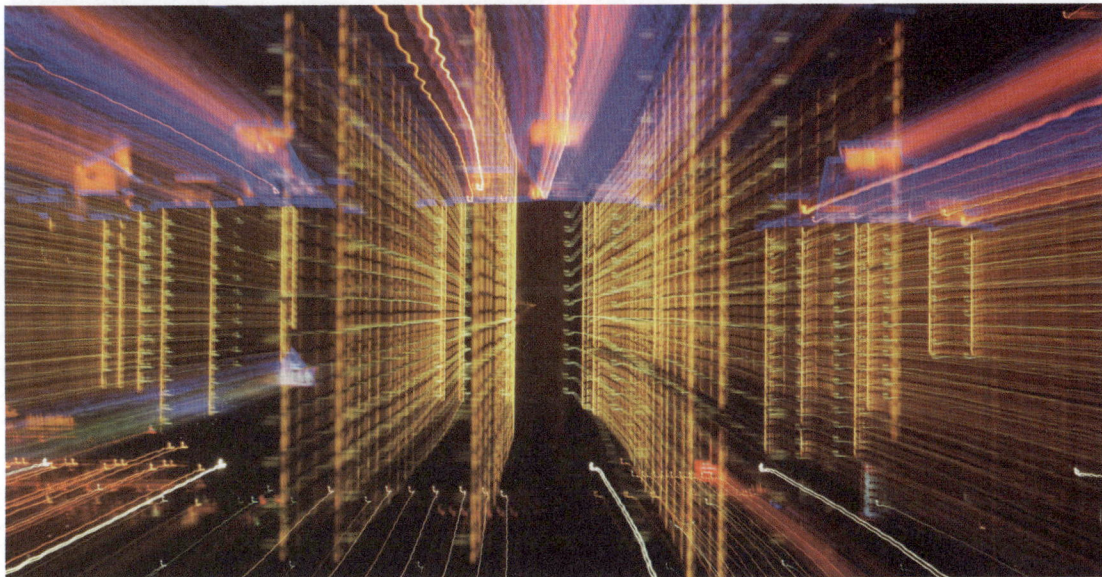
图丽 100-300mmF4 摄影镜头，M 全手动曝光模式，4 秒钟，F10，在拍摄时转动了镜头上的变焦环

5.3 多次曝光摄影法

多次曝光是非常有趣的一种拍摄手法，不过笔者这里要说的不是数码相机上的多次曝光功能，而是如何简单利用 Photoshop 软件实现多次曝光功能。首先，使用三脚架将数码相机固定住，然后采用同样的镜头和曝光参数对同一个场景拍摄多张数码相片，在这些相片上，人物的位置可以任意安排，尽量多摆出一些不同的姿势即可。然后，打开 Photoshop 软件开始拼接。

第一步　将数码相机固定在三脚架上，拍摄多张人物在不同位置的数码相片

第二步　在 Photoshop 软件窗口内分别打开刚才拍摄的这些数码相片，为了方便说明操作步骤，这里暂时先只打开两张数码相片。单击右侧这张数码相片的标题栏以选中这张数码相片，然后进入"选择"菜单，选择"全部"命令，将会选取这张数码相片，然后再进入"编辑"菜单，选择"拷贝"命令

在拍摄时，最好是使用 M 全手动曝光模式，并将光圈设置为较小的数值，以确保各相片的曝光度和景深都保持一致。

第三步　单击左侧这张数码相片的标题栏以选中这张相片，然后进入"编辑"菜单，选择"粘贴"命令，刚才拷贝的那张数码相片就出现在了左侧这张数码相片窗口里面。接下来，在工具箱中选取"橡皮擦工具"，并在工具属性栏中设置好画笔的大小

第四步　将鼠标移动至刚才还有人影的地方不断涂抹，于是被遮盖的人像又露出来了。接下来，你可以打开更多的数码相片，并重复刚才的步骤，最终你将得到一张有多个同一个人像的数码相片

使用三张数码相片合成所得，在拍摄时，应注意使用较小的光圈，以确保远近人物都同样清晰

使用四张数码相片合成所得，在拍摄时，应注意使用较小的光圈，以确保远近人物都同样清晰

使用图层，只需要几十秒钟就可以将人像相片和蝴蝶合成在一起，制造出迷人的多次曝光效果

从更宽泛的角度来说，影像合成都应该属于"多次曝光"之列。利用 Photoshop 的图层和图层混合模式，能够在短短几分钟之内就将多张数码相片天衣无缝的合成在一起。如果说数码时代的摄影师需要有什么新的素质，那一定就是对影像合成的先知先觉，也就是在拍摄的时候就能够预见到合成之后的效果。要想掌握更多合成技术，可以参考笔者在中国电力出版社出版的《Photoshop 数码相片处理技巧大全》一书。

这两幅合成作品都使用了图层蒙板，利用图层蒙板可以将两张数码相片自然的融合在一起

这两幅合成作品都使用了图层混合模式，图层混合模式的工作原理非常类似于传统胶卷底片的多次曝光功能，利用图层混合模式可以在几秒钟之内将两张数码相片自然的叠加在一起，这种技术常常用于给夜景相片添加焰火、月亮、闪电、喷泉等元素

5.4

全景摄影法

在拍摄风景的时候，常常会发现广角镜头不够广的问题，此时，我们可以从左至右拍摄一组连续的数码相片，然后再利用 Photoshop 将这些相片拼接为一张完整的全景相片。现在我们就以 Photoshop 为例来介绍全景相片的拼接技巧。

第一步 按照左右顺序拍摄一组连续的相片，最好采用 M 全手动模式进行拍摄，有条件的话应该利用三脚架保持水平

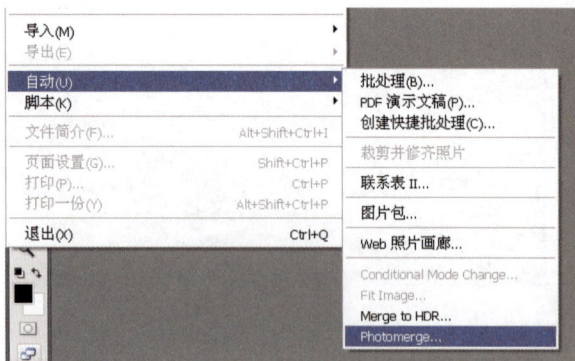

第二步 开启 Photoshop 软件，然后进入"文件"菜单，选择"自动" | Photomerge 命令，弹出 Photomerge 对话框

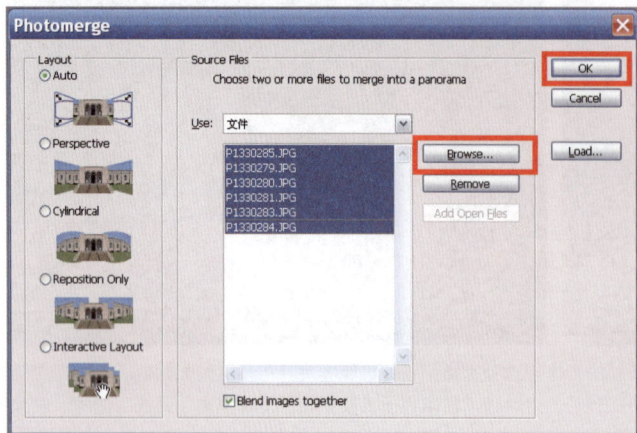

第三步 单击 Photomerge 对话框上的 Browse（浏览）按钮，弹出"打开"对话框，从电脑中选择一组已经拍摄好的连续数码相片，选择完毕后，单击 OK 按钮，接下来 Photoshop 软件将会依次打开这些相片并自动将它们拼接成为一张全景相片

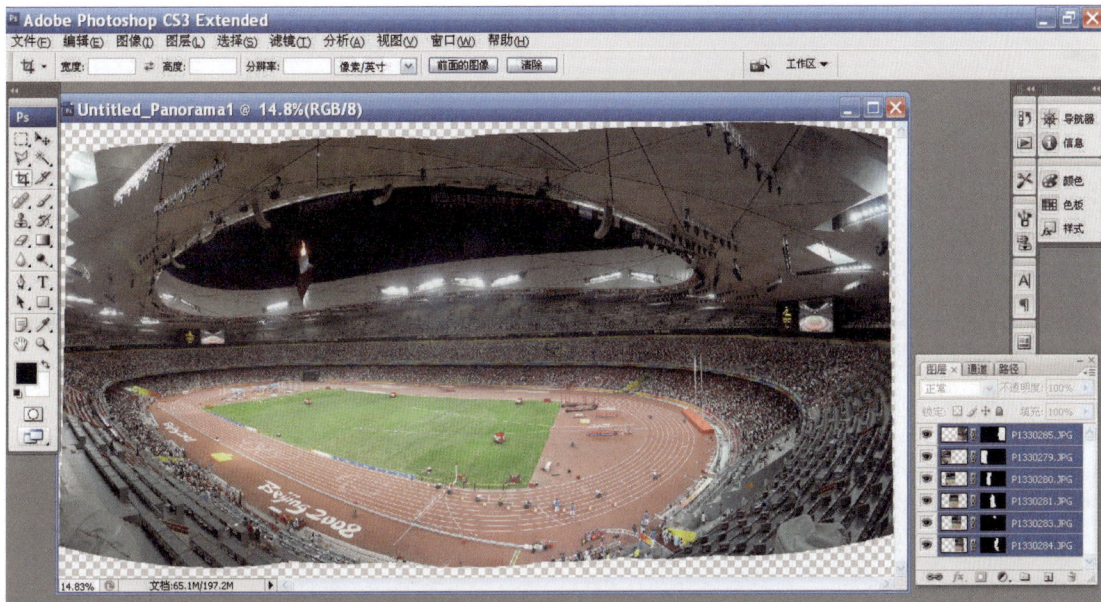

第四步　经过上一步的操作，全景相片已经拼接成功了，接下来，在工具箱中选取裁剪工具，将多余的部分裁剪出去，最终得到一张构图完美的全景相片

在拍摄一组连续相片时，最好使用 M 全手动曝光模式，以尽可能让每张相片的亮度基本一致。此外，最好不要使用超广角镜头进行拍摄，这是因为超广角镜头的畸变较大，最终会难以合成为一张完美的全景相片。

这是在鸟巢内部拍摄的一张全景相片，一共拍摄了 6 张连续的数码相片，采用全手动曝光模式

这是辽宁千山的一张全景相片，一共拍摄了 5 张连续的数码相片，采用全手动曝光模式，佳能 18–55mm 摄影镜头，焦距设定为 18mm

这是北京展览馆的一张全景相片，一共拍摄了 4 张连续的数码相片，采用全手动曝光模式，佳能 18–55mm 摄影镜头，焦距设定为 18mm。

这是北京玉渊潭公园的一张全景相片，一共拍摄了 5 张连续的数码相片，采用全手动曝光模式，佳能 18–55mm 摄影镜头，焦距设定为 18mm。

这是湖北洪湖一中的一张全景相片，一共拍摄了 3 张连续的数码相片，采用全手动曝光模式，佳能 18–55mm 摄影镜头，焦距设定为 18mm

这是湖北洪湖长江边的一张全景相片，一共拍摄了 13 张连续的数码相片，采用全手动曝光模式，佳能 18–55mm 摄影镜头，焦距设定为 18mm

这是北京团结湖公园的一张全景相片，一共拍摄了 7 张连续的数码相片，采用全手动曝光模式，佳能 18–55mm 摄影镜头，焦距设定为 18mm

彻底攻克十大最受
欢迎的拍摄题材

本章导读

　　在我们身边可拍摄的题材非常多，风景、花卉、人像、夜景……这些都吸引我们按下快门。对于初学者来说，要完全依靠自己在黑暗中去实践去摸索，固然能够掌握和领悟很多摄影技巧，但有了本章的内容，你就不必再费劲走弯路了。简单点说，本章讲述的是一个摄影师面对拍摄对象时的所思所想所做，具有十分强烈的实践性和可学习性。

6.1
少女摄影

拍摄美女，其实也并不是一定就需要专业的人像镜头，普通的 18-55mmF3.5-5.6 套头只要利用得当，也可以拍摄到非常漂亮的人像相片。接下来，我们就对拍摄角度、姿势摆放、用光、构图分别进行实战探讨。

6.1.1　拍摄角度的选择

用过海鸥双镜头 120 相机或者哈苏 120 相机的人都知道，取景的时候，相机一般都在齐腰的位置，这种相机也被称之为"腰平式取景"相机。虽然数码单反不是这种老式相机，但是我们在拍摄人像的时候，应该借鉴它们的取景角度：半蹲下来之后手持相机拍摄人像，往往能够获得最佳的效果。也就是说，使用"仰拍"角度是拍摄美女最常用的角度。

完全蹲下来之后采用仰拍角度，能够突出人物的高度，使之看起来身材更"高挑"，更为窈窕动人

稍微半蹲下来，采用仰拍角度，美女的身材将更好，在实际拍摄时，仰拍（腰平式取景）是最为常用的角度

虽然说"仰拍"是最为常用的拍摄角度，但"俯拍"也未尝不可。俯拍常常能够制造出非常惊人的夸张效果。例如，我们在网络上经常看到的美女自拍相片，大多都是从较高的角度俯拍的，尤其是将摄像头安装在液晶显示器上，然后靠近摄像头进行俯拍，能够将眼睛拍摄的特别大，就像日本漫画中的美少女似的。

采用俯拍角度，将镜头尽量靠近美腿，利用近大远小的原理强调美腿的纤细，俯拍是一种较为夸张的角度

采用俯拍角度，将镜头尽量靠近脸部，利用近大远小的原理将眼睛拍摄的特别大，眼睛大了自然就更美了

6.1.2 姿势的摆放

在拍摄人像的时候，可能摆姿势是最为麻烦最为困难的事情。其实，如果模特什么姿势都不会摆的话，我们就利用一些道具，让她模拟正常的生活场景即可，例如，打一把雨伞，从远处慢慢走过来，或者拿着数码相机装出正在拍照的样子，再或者手里拈朵美丽的花，然后装出一副正在陶醉于花香之中的样子。同时，我们需要多按下快门，并多夸奖和鼓励模特，然后，一切都会"渐入佳境"。

模特拿着数码相机也能摆出一些较为自然的姿势了

对于稍微有些经验的模特来说，她们往往掌握了摆姿势的精髓和要诀，因而可以在不需要摄影师任何指导的情况下摆出千变万化的各种美姿。

摆姿势的要诀其实并不复杂，这就是尽量避免呆板和雷同：①对于手臂，应该高低错落，例如耸耸肩膀，一边高一边低。②双腿的高度和方向也不能一致，应该一只腿向右另一只腿向左，或者一只腿蹲着另一只腿伸开。③身体的方向和脸部的方向也不要一致，所谓的"回眸一笑百媚生"，这就是一种非常典型的身体方向和脸部方向相反的情况。④如果有可支撑的物体，应该适当予以利用，例如汽车模特就是利用汽车作为支撑的。

模特的身体摆成了弓形，头部稍微左倾，和身体方向有些不同。两只手的摆放高度也不一样，错落有致，两只小腿分别朝着相反方向，这使得构图充满了动感

山的美丽，在于起伏的曲线而不是平坦。好的文章，也是追求跌宕起伏。一个好的姿势，也是追求"起伏的曲线"和"错落有致的动感"。例如，如果直直的站着，就不如靠在汽车上显露出S形漂亮。在摆姿势的时候，一定要追求变化，千万不可保持严格的左右对称。只有打破左右对称，才能摆出真正的好姿势。

右手放在车身上，左手托住脸部，身体伏在车身上，显露出迷人的S形

如果两只腿都一样站在地上，这张相片就没有现在这么充满动感了

首先来看这些相片上双腿的摆放，都是高低错落，摆放方向也稍有差异；再来看手的摆放，左手和右手都不是对称摆放，左侧两张相片都是露一只藏一只，右侧这张相片，两只手一前一后，并非都支撑在石头上

6.1.3　少女摄影的用光技巧

　　对于影楼来说，通常都是使用"大平光"拍摄人像相片，其实，"大平光"也就是我们常说的顺光。"大平光"能有效遮盖脸部的瑕疵，而且使皮肤看起来较为白嫩。但是，"大平光"也很容易失去个性，产生千篇一律的感觉。其实，"侧光"和"侧逆光"也非常适合拍摄人像，而且能够拍摄出立体感更强、更有情调的相片。

从窗户透射进来的阳光

　　刺眼的阳光从落地窗玻璃上透射到咖啡店内，此时，一位美女正在窗边喝着咖啡，我想这种场景不仅是青春文学中经常描述到的，也是最能令摄影师激动的。

　　此时，利用拍摄角度的变化，我们可以拍摄出"侧光"、"侧逆光"或"逆光"的不同光线效果，这其中，尤其以"侧逆光"的效果最为漂亮和迷人。

在使用侧逆光拍摄时，为了表现出"阳光乍泄"的刺眼感觉，应该增加曝光补偿2档：左侧相片只增加了一档曝光补偿，所以背景没有完全"溶化"，右侧相片增加了两档曝光补偿，背景基本上被"溶化"了

增加曝光补偿的必要性

当我们使用侧光、侧逆光、逆光进行拍摄时，应该根据具体情况作出增加曝光补偿 1 ~ 2 档的设置。由于室外的光线比室内要明亮的多，当我们在增加曝光补偿之后，室外的景物就会被"溶解"。因此，即便你没有 F1.4 的大光圈镜头，也能够获得非常简单的背景。

增加两档曝光补偿，窗外的景物被完全"溶解"，背景极为干净

其实"侧逆光"的感觉也相当不错

有时候，餐厅的光线非常柔和细腻，而且只要将白平衡设置为阳光，还可以获得金黄色的美丽色调

在这张相片上，侧逆光不仅在人物身上留下了明亮的"轮廓光"，而且还留下了非常有趣的影子

6.1.4 少女摄影的构图技巧

在拍摄少女的时候，构图也非常重要，好的构图和坏的构图往往会产生天壤之别，根据经验，我们在构图时需要注意如下几点：①在人脸视线的方向，应该稍微留出一些空隙或空白，否则，相片就会显得比较"局促"和"紧张"。②注意背景的选择，比如说人物身后不应该出现电线杆或者其他杂物，通常，背景是越简单越好。③注意画幅的选择，拍摄人像可能竖构图会比较好一些，横构图要慎用。④除非是拍摄脸部特写镜头，应该尽量避免左右严格对称的构图，否则，相片就会显得比较呆板，缺乏生气。⑤要注意趣味和意境的营造，多读一些古代诗词或者青春文学作品，有助于构思出有品位的构图。

在视线的前方多留出一些空余空间，这样的构图才会显得较为自然，也比较富有生气

与右侧相片相比，这张相片的背景比较简洁，视线焦点很容易就集中到人脸上了，是构图较好的例子

与左侧相片相比，这张相片的背景比较杂乱，视线焦点难以集中到人脸上，是构图较差的例子

在拍摄人像的时候，还应该充分利用好技术手段来美化构图：①使用焦距较长的镜头，并将光圈设置为最大，可以起到虚化背景的作用，虚化背景之后，构图会更为简洁。②利用好白平衡调整功能，在黄昏或者室内拍摄时，将白平衡模式设置为阳光或者荧光灯，可以获得金色的画面。③要想突破常规，使用超广角镜头尽量靠近被摄人物，可以获得非常夸张的构图，这也是最近一些专业摄影师的惯用技法。

低头的含蓄，秋天的沉思，在拍摄时应抓住瞬间的感动

"所谓伊人，在水一方"，倒影的巧妙应用是构图成功的关键

这张相片采用了"井字格"构图法，将人物放在画面右侧 1/3 的位置处，再配上一盏烛灯，别有一番情趣

6.2

📷 婚礼摄影

婚礼摄影是一件非常有趣的事情，常常会有许多事先没有预计到的情况出现，为了能够随时抓拍，我们应该注意如下几点：①事先准备好摄影器材，有条件的话可以准备两台数码相机（现在一台卡片数码相机也就一千多元，可以作为数码单反的副机应付急用），以备不时之需。②最好选择快门优先模式，在户外，将快门速度设置为1/125秒或者更高；在室内，将快门速度设置为1/45秒或者更高。如果室内光线较暗，可以酌情将感光度调高至ISO400-800，同时你还可以使用闪光灯。③准备两张8G的存储卡，这样即便是全部都采用连拍模式，也足够了。④经济宽裕的话，应该购买一款专业的外置闪光灯，由于它的回电速度非常快，即便是连拍的时候，外置闪光灯也能够连续闪光，这是内置闪光灯所做不到的。

这是一个阴天，光线较暗，采用快门优先模式，1/125秒，开启了连拍模式

最适合拍摄婚礼的摄影镜头是18-55mmF2.8或者18-85mmVR（IS），前者具备F2.8的超大光圈，后者则具备光学防抖动功能。70-300mm或80-200mm这样的长焦镜头，并不太适合用于拍摄婚礼。18-200mm镜头虽然焦距段比较完整，但是因为可能会经常出现对焦迟缓或失败的问题，因而也不是太适合用于婚礼拍摄。如果经济条件一般，18-55mmF3.5-5.6这样的镜头也足够用了，但缺点是在室内拍摄时，你常常会需要将感光度设置为较高的ISO值。

汽车和骏马的同时出现，形成了非常有趣的对比，在拍摄时，摄影师应该善于使用"对比"手法

婚礼上有很多细节也应该被一一摄入画面，例如婚车上的玫瑰花、写有两人名字的蛋糕以及浪漫的婚礼现场

在室内拍摄婚礼仪式的时候，最需要关注的就是闪光灯的回电时间了，对于内置闪光灯来说，它的回电时间可能需要 2 ～ 3 秒钟，因而内置闪光灯只能是一个辅助光源，我们应该将快门速度设置为 1/30 秒或者 1/45 秒，将感光度设置为 ISO400，这样，即便闪光灯没有点亮，拍摄的相片曝光也基本足够；如果闪光灯亮了，那就是锦上添花。

婚礼仪式必须要给予完整的记录，尤其是喝交杯酒、交换戒指、共同点亮蜡烛等关键场景，为了让内置闪光灯在每一个关键的瞬间都能够点亮，应该掌握好拍摄节奏，否则，就可能会因为闪光灯没有充好电最终导致快门无法释放的情况发生，另外，千万不可使用 1/125 秒或者更快的快门速度，否则背景就会显得太黑。

为了制造气氛，婚礼上常常会使用喷雾剂和各种礼花炮，如果不小心让喷雾剂沾染在镜头上了，可以用麂皮或者镜头纸（不带纤维的衣服也可以）快速擦拭干净。在拍摄此类场景时，使用 1/125 秒或 1/250 秒中速快门可以产生虚实结合的效果，而使用高速快门则没有这样的效果。

采用快门优先模式，1/250 秒，适中的快门速度能够获得虚实结合的拍摄效果

如果你有专业的外置闪光灯，在豪华星级酒店的大厅拍摄时，尽量不要使用反射闪光方式，这将会耗费大量的电能，并导致回电速度变慢。如果婚礼是在普通的酒店和家里，则可以使用反射闪光方式。当然，如果经济能力许可，你还可以给闪光灯安装一个"微型柔光箱"，这可以避免让闪光灯的光线在相片上留下生硬的阴影。

使用外置闪光灯时，让闪光灯的光线从房顶反射下来，光线就会变得比较柔和

最后，我们来探讨一下白平衡模式的设置问题。在大多数情况下，使用自动白平衡模式就能取得非常好的色彩效果，但是，如果室内主要是由荧光灯或钨丝灯照明的话，则应该选用其他白平衡模式。一般来说，婚礼仪式现场（酒店大会议厅）往往是以钨丝灯照明为主，为了还原出钨丝灯照明的橙色调，最好是使用日光白平衡模式。在进入新房之后，有可能是荧光灯照明为主，此时应该使用荧光灯白平衡模式或者手动白平衡模式才能获得正确的色彩还原。

风景摄影

　　风景摄影的题材很多，例如草原、山岚、冰雪、雾霭等，这些都是极受欢迎的拍摄题材，那么如何才能拍摄好它们呢？接下来将对这些不同的风景摄影题材分门别类地予以讲解。

RAW 格式能够更好地记录蓝色和绿色，因而，在草原拍摄应首选 RAW 格式

RAW 格式的曝光宽容度比 JPEG 格式高 2～3 档光圈，因而最适合拍摄对比强烈的逆光场景

6.3.1　草原摄影

　　由于草原比较广阔，因而超广角镜头是必须的，同时，为了将远处的牛羊拉近，长焦镜头也是必需的。除了准备好摄影镜头之外，还需要注意以下技术要点：

　　（1）草原摄影的最佳时间是早晨和傍晚。

　　（2）为了更好的还原绿色、蓝色，以及在拍摄逆光场景时记录更多的明暗层次，应该首选 RAW 格式进行拍摄。

　　（3）由于景物距离摄影镜头都比较远，没有必要使用 F16 或者更小 F22/32 光圈以获得最大景深，通常使用 F8 或 F11 就可以了。

　　除了掌握这些技术要点，还需要掌握其他一些技巧，例如在逆光拍摄时，应避免阳光直射到镜头上。当拍摄逆光场景时，如果拿不准曝光是否合适，最好采用包围曝光法。

这张相片的光线比较平淡，相片缺乏立体感

逆光时拍摄的相片立体感很强

如果使用 RAW 格式拍摄，就无需考虑白平衡模式设置的问题（设置为自动即可），因为可以在后期调整出非常美丽的色彩，尤其是暗部的蓝色调和亮部的金黄色调，这是使用 JPEG 格式拍摄所难以实现的。在草原拍摄，虽然绝大多数情况都可以用光圈优先模式，但如果是拍摄奔驰的骏马，就需要使用快门优先模式了，例如 1/1000 秒或更快的快门速度是非常有必要的。

侧逆光使树木在相片上留下了长长的影子

使用长焦镜头拍摄时，应尽可能使用三脚架

一条小路蜿蜒曲行，这是非常有意思的场景

为了让草原看起来更有空间深度感，应该充分利用好前景和远景。

例如在右侧这张相片上，一共有五层距离不同的景物，第一层是最近处的牧马人，第二层一个单独的骑马人、第三层是白色的羊群、第四层是远处的帐篷、第五层是浓密的树林。正是这些距离远近不一的景物，使得这张相片的空间深度感尤其强烈。否则，就会显得缺乏空间深度感，给人以单薄的感觉。

采用 RAW 格式拍摄，后期调整时有意加强了暗处的蓝色调

6.3.2　冰雪摄影

　　冰雪因为纯洁而备受人们的喜爱，要想表现出冰雪的纯洁感觉，需要注意如下事项：①拍摄冰雪时，常常需要增加曝光补偿 1 ～ 2 档，否则可能就会曝光不足，白雪变成灰雪。②若想强调冰雪的蓝色调，应该将白平衡设置为晴天模式。③若想得到非常纯净的蓝色调，则应该使用 RAW格式拍摄，然后在后期利用 RAW 格式图像处理软件进行调整。④在低温下，锂电池的性能可能会减弱，因此需要注意对机身和电池的保温工作。

阴影处由于主要受到来自蓝色天空的照射，因而愈加偏蓝色，在拍摄时应该予以准确还原

　　由于冰雪天的色温较高，因而色彩本身就偏蓝色，尤其是景物的暗部受到蓝色天空反光的影响更加偏蓝色。如果使用自动白平衡模式，则很有可能在相片上只能见到白色的雪，而无法见到蓝色的雪。要想拍摄到纯净的蓝色的雪，应该在白平衡模式设置上想想办法。

在拍摄雪景时，绝大多数情况都应该增加 1 ～ 2 档曝光补偿，本例就增加了 1.5 档曝光补偿

太阳的金黄余晖在这张相片上变成了红紫色调，这是人眼所察觉不到的，但数码相机可以拍摄到

左侧为 RAW 格式未经处理直接出片的效果，右侧是对 RAW 格式进行了色彩调整之后的效果

　　和草原摄影一样，笔者还是极力推荐采用 RAW 格式进行拍摄，这是因为 RAW 格式所记录的色彩种类很多，甚至一些人类的肉眼所难以察觉和辨认的色彩，RAW 格式也可以准确记录下来。对于 JPEG 格式拍摄的雪景相片，你用 Photoshop 无论怎么调节，也得不到这些漂亮的色彩，而在 RAW 格式后期处理软件中简单调整，即可获得非常纯净饱和的色彩。

　　常常有人会抱怨数码相机的表现能力不如反转片，其实，这是因为他们不懂得使用 RAW 格式的缘故，一旦你尝试了 RAW 格式，你将会发现自己已经拥有了比反转片更好的色彩表现。

这两张相片都是用同一个 RAW 文件输出的，不同之处在于对色彩调整的参数有些微的不同

或许，有人以为这种色彩效果只有富士的 Velvia 反转片才能达到，其实，这正说明了 RAW 格式的潜力是如何巨大，事实证明，RAW 格式的宽容度和色彩表现力已经达到了一个非常专业的水准

左侧这张冰冻的树叶相片其实是人为制造出来的，在进入初冬之后，用细细的自来水管对准树叶喷水，只要有风吹上几个小时，这些喷射出来的水就会在树枝上结成一层厚厚的冰，采用这种方法，我们可以将任何植物都冰冻起来，就好比人造琥珀一样。例如，将玫瑰花或者红果冰冻起来，一定会十分有趣。

在拍摄冰柱时，应采用逆光，这样看起来晶莹剔透

这张相片采用了光圈优先模式，使用 F5.6 光圈将后面的花枝予以轻微虚化，并增加了 1.5 档曝光补偿

6.3.3 建筑摄影

建筑是我们身边最广泛的拍摄题材，要想拍摄出不变形的建筑，应注意如下技巧：①应该选择畸变较小的专业级的超广角镜头，在拍摄时，尽量不要采用俯视和仰视角度，而是应该采用平视角度。②为了避免变形，应尽量避免直线在画面四周出现。③如果出现了不算太严重的变形，应该使用Photoshop等软件予以校正。④如果你是职业摄影师，建议购买价格昂贵的PC透视调整镜头，这种镜头可以最大限度的校正变形。

这张相片采用了光圈优先模式，F16，由近及远的所有景物都清晰成像

拍摄建筑物时，常常会使用光圈优先模式，并将光圈设置为F11或者更小，以确保所有景物都能清晰成像。当然了，也并不是什么建筑都必须要用小光圈，如果我们是拍摄壁画这类没有空间深度感的景物，则使用摄影镜头的最佳光圈（通常是F5.6或F8）即可。

对于影壁这样没有空间深度的被摄物体，根本不需要采用小光圈，通常，F5.6或F8是最合适的

图丽 10-17mm 鱼眼镜头能够产生非常大的畸变

虽然说拍摄建筑通常都极力避免出现畸变，但有时畸变所产生的夸张效果也非常有趣，要想有意制造出强烈畸变，应注意如下几点：

（1）选购鱼眼镜头，例如图丽 10-17mm 鱼眼广角镜头就是畸变非常大的一款镜头。

（2）尽量在画面四周安排一些直线物体，例如柱子。

（3）尽量采用仰拍角度。

如果是在黄昏的时候拍摄建筑物，则应该注意白平衡模式的设置，日光模式有助于强调黄昏时的金色调。如果是拍摄建筑物的内景，则应该采用 RAW 格式，以便后期调整色彩。

左侧为自动白平衡模式，色彩轻微偏黄色调；右侧为日光白平衡模式，色彩明显偏金黄色调

采用全手动曝光模式，从左至右分段拍摄了四张数码相片，最后经过 Photoshop 软件自动拼接而成

图丽 10-17mm 鱼眼镜头能够产生非常大的畸变，使照片的空间深度感得到显著增强

在拍摄建筑物的时候，构图上应该尽量让地平线保持水平，如果地平线发生了倾斜，则会产生"大厦将倾"的不稳定感。此外，很多建筑物都是左右对称的，在拍摄的时候，一般也应该采用对称的构图。有些靠近水边的建筑，具有非常美丽的倒影，在拍摄时一定要找好角度，将倒影和建筑物都框进画面。

对这种古典皇家建筑，应保持对称的构图

将地平线放在 1/3 位置处，符合黄金分割构图法则，倒影和建筑物交相辉映，前景的水草加强了空间感

建筑物的局部细节也是非常值得拍摄的

既要拍摄建筑物的全貌，也应该重视局部细节，一个优秀的眼光独到的摄影师，往往会对一些有趣的细节产生兴趣。例如在沈阳故宫，建筑物上的雕梁画栋等局部装饰就非常美丽，这些细节有时候比建筑物的全貌还要耐看。在拍摄建筑物的细节时，完全没有必要使用小光圈，通常使用中等光圈比较好。

光影挥洒在灰色瓦当上，别有一番情趣

这张相片展现了中国古代雕梁画栋的高超工艺水平

这张相片基本上采用了对称的构图，但又利用前景的树枝轻微打破了对称，使之不再过于严肃

6.3.4 风情民俗摄影

风景摄影常常都不希望有人物出现，但又有很多风景离不开人的存在，例如在拍摄水景的时候，如果水面上没有划船的人，那该多么无趣啊！下面就来欣赏一些因为人的存在而更加美丽的风情民俗摄影作品。

勤劳耕种的农夫是大山中一道亮丽的风景

很难想象现在还有可以用来洗菜做饭的河水

色彩艳丽的金幡是雪域高原最美的风景

归家的娘小俩让这张相片不再冷漠孤寂

很难想象一片空白的水域是如何动人的风景

如果没有这艘轻舟，这张相片将空洞无味

不愿归家的小牛犊和使劲牵牛的藏族姑娘，使这片还未完全解冻的河面增添了很多生机

菜花固然美丽，但赶着牛车的农民悠然的姿态更为有趣，超广角镜头起到了夸张深度感的作用

一堆石头固然没什么好看的，但一群正在齐心协力挑石头的惠州女人却又是那么的美丽

静静的港湾停泊着一排一动不动的渔船，正是这些游泳的少年们打破了这种午后的沉静

偶尔路过的这位老人不仅起到了平衡画面的作用，也是这张相片上当之无愧的视觉焦点

灰色的山脊和岩石，和少女的彩色服饰产生了鲜明的对比，少女的出现使得空旷的藏区不再冷清

6.3.5　雾霭摄影

　　山的美丽往往不在乎它的高度，而在乎是否有美丽的云海，如果我们去登山，却没有见到云海，无疑是非常遗憾的事情。但是要想看到云海，却并不容易，面对这难得的机会，一定要好好把握好如下几点：①自动对焦很容易失灵，因此手动对焦常常更管用。②云海经常伴随着强烈的明暗对比，测光系统也会容易失灵，因此需要根据情况作出增加或减少曝光补偿的设置。③拍摄云雾最好是使用三脚架，并使用光圈优先模式，通常使用最佳光圈即可，没有必要使用小光圈。④云雾的瞬息万变，注定了我们需要多多拍摄，回家再仔细整理，千万不要为了等待更好的构图而迟迟不愿按下快门。⑤云雾涌上来的时候，空气中湿气较大，容易凝结成小雨滴聚集在数码相机上，拍摄完毕后，应让数码相机在干燥的环境中将水分完全挥发。⑥和之前的草原和雪景一样，建议最好采用 RAW 格式拍摄。

如果没有三脚架，应该借助诸如石柱这样的物体支撑数码相机，确保稳定性

黄山的美关键就在于千变万化的云海，采用光圈优先模式，F8，RAW 格式后期进行了调整

左侧这张云雾梯田的相片，由于明暗对比过于强烈，因而如果按照测光系统给出的曝光组合将会出现曝光过度的问题。为了获得合适曝光，采用了减小 1 档曝光补偿的设置。

另外，如果你发现采用包围曝光法都无法兼顾亮部和暗部的层次的话，那我还是建议你采用RAW 格式拍摄，然后在后期调整时可以获得比较完美的明暗层次。

傍晚，阳光是橙红色的，日光白平衡模式能够强调这种温暖的色彩感觉

清晨，太阳还未露出，光线有些偏冷，日光白平衡模式能够强调这种冷清的色彩感觉

清晨，光线较暗，采用光圈优先模式，F8,快门速度只有 1/10 秒，使用三脚架提高稳定性

6.3.6 云彩霞光摄影

人的眼睛对有些色彩常常会失灵，就好像数码相机的自动白平衡模式经常会失灵一样。晚霞最美丽之处，不在于肉眼所能看到的色彩变化，而在于客观的数码相机所记录下来的绚丽色彩。在拍摄晚霞时，最关键的技术要点就是白平衡设置了。当使用 JPEG 格式拍摄时，应同时使用日光、阴天、荧光灯等模式进行拍摄；当使用 RAW 格式拍摄时，使用自动白平衡模式即可，后期再使用图像处理软件选择最佳白平衡模式。

白平衡：	原照设置	
色温		5000
色调		+5

如果使用 RAW 格式拍摄，则可以在后期任意设置白平衡模式、色温和色调。RAW 格式采用了最大的色域空间，能够记录比 JPEG 格式更多更丰富的色彩，因而在拍摄晚霞和其他需要以强调色彩为主的摄影题材时，应该首选 RAW 格式

光圈优先模式，F5.6，RAW 格式拍摄，后期对色彩进行了精心调整

光圈优先模式，F8，RAW 格式拍摄，后期对色彩进行了精心调整

这张相片巧妙利用了水中的倒影，形成了"天光云影共徘徊"的美好意境

在拍摄晚霞时，如果有前景可以利用，那就最好用上，拍摄剪影时，应酌情减小曝光补偿

在以云霞作背景留影时，应使用慢速闪光模式，或者使用快门优先模式，将快门速度设置为 1/15 秒或更慢

如果是要以晚（朝）霞作背景拍摄纪念照的话，那就无法获得最美的色彩了，此时，只能将就让云彩和人物都有说得过去的色彩还原即可。在拍摄时，可以使用夜景闪光模式，也可以使用慢速闪光模式，当然，如果你不嫌麻烦的话，还可以使用快门优先模式，并将快门速度设置为 1/15 秒或者更慢，至于白平衡模式，设置为日光和闪光灯都可以。

由于晚霞和朝霞时的光线亮度较暗，为了不因为手的抖动而导致模糊，最好是使用三脚架稳定数码相机。

七月中旬的早上五时，浙江温州海边，光圈优先模式，F8，使用捷宝三脚架稳定住数码相机

6.3.7 日出日落摄影

要想拍摄好日出日落应注意如下几点：①尽量利用前景，否则光秃秃的一个太阳在相片中，没啥意思。②注意白平衡的设置，最好还是用RAW格式拍摄。③根据情况，酌情作出增加或者减小曝光补偿的设置。

飞过的丹顶鹤无疑是这张相片出彩的关键

RAW 格式，在后期对色温和色调进行设定获得了迷人的蓝紫色调

日落的相片，并不都是只能拍摄成为金黄色，有时候，蓝紫色的日落场面更为有趣，尤其是在雪天拍摄日出日落时，应尝试使用荧光灯等模式获得特殊的蓝紫色色彩。

落日的余晖挥洒在杭州西湖，此时正是拍摄剪影的最佳时刻，划桨的游客成为了这张相片的视觉焦点

尼康 18-135mm 摄影镜头比较适合拍摄日落，在这张相片上，星星点点的渔船和树影婆娑的椰子树是非常有用的构图元素

在拍摄日出日落时，常常会用到中等焦距的镜头，例如左侧这张相片就是使用约 100mm 镜头拍摄到的，更长焦距的摄影镜头虽然可以把太阳拍摄的更大，但不见得构图就是最好的。

当使用 300mm 镜头拍摄，太阳的大小约为相片宽度的 1/6，要想使太阳完全充满画面，应该使用 1800mm 的摄影镜头。

当太阳刚刚落山的瞬间，笔者拍摄了这个画面，采用 JPEG 格式，荧光灯白平衡模式，将色调设置为偏向紫色，光圈优先，F8，并减小 0.5 档曝光补偿（如果是 RAW 格式，可能会有更好的色彩层次表现）

6.3.8 航空摄影

要想能够拍摄到飞机窗外的美景，最好尽早赶到机场，这样在办理登机手续的时候，你就有可能要到靠窗户的位置，记住一定要向服务人员明确提出这样的要求。

由于受到云层的照射，色温较高，色彩偏蓝，要想保留这种蓝色调，应该使用日光白平衡模式

要想使白色的雪山看起来尽可能白一些，则应该使用阴天白平衡模式

当你乘坐傍晚时分的航班时，就能在天空中欣赏到美丽的日落还有皎洁的明月了

当你不幸坐在了机翼的位置时，往往视野不太好，最好是坐在稍微靠后一些的位置

飞机的玻璃窗常常并不干净，如果我们用小光圈拍摄，这些玻璃窗上的尘埃就会在相片上留下它们的影子。为了避免受到玻璃窗上的尘埃的干扰，应该使用光圈优先模式，并尽量使用最大光圈拍摄。如果玻璃窗比较干净，则可以用中等光圈拍摄。

此外，如果是拍摄雪山和白云，应酌情增加 1 ～ 2 档曝光补偿，如果是拍摄深色的山和日落，则应酌情减小 1 ～ 2 档曝光补偿。

将地平线安排在画面偏下方 1/3 位置处，比较符合黄金分割美学规律

6.3.9 风景摄影的构图技巧

风景摄影的构图要点：①如果有地平线出现，则应该让地平线位于 1/3 的位置。②如果有被摄主体，最好将它安排在"井字格"的某一个点上。③为了加强空间深度感，应该注意前景和近景的运用。④应尽可能巧妙利用汇聚的线条，汇聚的线条能有效引导视线。⑤当拍摄逆光时，可以将太阳安排在被摄主体的正后面。⑥在拍摄的时候就要考虑到后期裁剪的事情，例如，方形画幅和横轴画幅就是很常用的。

将骑马人安排在"井字格"的其中一个点上，能够最有效的吸引视觉注意力

这张相片同时使用了 1/3 构图法和井字格构图法，此外，树林的阴影也起到了平衡画面的作用

利用树叶作为前景增强了空间深度感，斜向的田埂增添了画面的动感

这张相片的空间深度感很强烈，因为有前景的绿叶，近景的水车，中景的游船，远景的吊脚楼

这些向远处汇聚的田埂，不仅引导了视线，而且增强了空间深度感

斜向出现的一条游船打破了黄昏的静谧，如果这艘游船是和地平线平行的方向，那就没意思了

将太阳隐藏在胡杨枝头，形成了画面兴趣点

将太阳隐藏在牦牛身后，形成了非常有趣的剪影

在拍摄风景相片的时候，几乎没有人可以每按下一次快门都能获得一张完美无缺的相片。因而我们需要做到如下两点：①当面对一个景致时，应该上下前后左右仔细观察，并将各个角度的景像都拍摄下来，千万不能总是在寻找到最佳角度之后才肯按下快门。事实上，所谓的最佳角度，很多时候，也是你回家之后在电脑屏幕上总结分析出来的。当你在现场的时候，很难辨别出所谓的最佳角度。②应该勤于更换摄影镜头，或者干脆准备两部相机，一部安装超广角镜头，一部安装长焦镜头，这样就可以在同一个拍摄点同时拍摄全景和局部特写了。

在拍摄风景相片的时候，还应该注意"横构图"和"竖构图"的问题，如果分不清究竟哪一种构图更好，那就两种构图都同时拍摄下来，免得日后可能后悔。

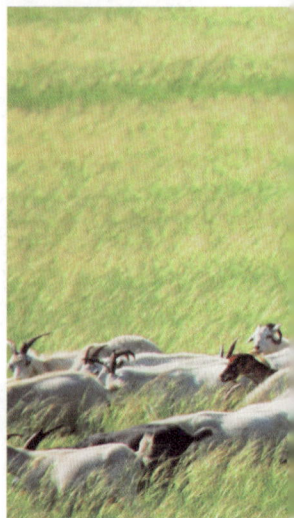

最后我们来探讨一下画幅长宽比例的话题，在传统胶片时代，专业的风景摄影师常常使用三类摄影器材：

（1）方形画幅的120底片相机，如鼎鼎大名的哈苏和禄来。

（2）超宽画幅120底片相机，如富士617、骑士612等。

（3）摇头转机，如德国的诺宝 (Noblen)、日本的 Widelux，俄罗斯的地平线 (Horizden)。

从这些专业摄影师使用的器材可以得出如下结论：风景摄影的最佳画幅是正方形画幅和超宽比例画幅。但是数码相机却无法直接拍摄到，因而需要使用裁剪或后期拼接的手段才能获得。

逆光将银杏叶照射的金黄透亮，亦使田埂留下了阴影，这些都增强了空间深度感。弯曲不一的树枝和田埂，又增添了意趣，使之不流于平凡

6.4 瀑布水景摄影

要想拍摄好瀑布和流水，应注意如下要点：

（1）使用三脚架。

（2）准备好偏振镜或者 ND 中灰滤镜。

（3）如果是拍摄瀑布流水，则使用快门优先模式，将快门速度设置为 1/8 秒或者更慢，通常 1/2 秒至 2 秒的拍摄效果最好。

（4）将 ISO 感光度设置为最低数值。

（5）使用 RAW 格式进行拍摄。

快门优先模式，1 秒，ISO100，流水被较好的虚化了

快门优先模式，1/4 秒，ISO100，使用了偏振镜和三脚架，瀑布被慢速快门成功虚化

光圈优先模式，F8，为了让蓝天白云的倒影出现，并没有使用偏振镜

光圈优先模式，F8，为了让倒影出现，并没有使用偏振镜，采用了"井字格"构图法

光圈优先模式，F8，游来游去的红色小鱼为这片水增添了灵气

在拍摄湖泊的时候，常常只能得到四平八稳的效果，但如果有一款鱼眼镜头的话，就可以拍摄到非常有趣的湖泊相片了，例如图丽10-17mm 鱼眼变焦镜头就是一款能够化平淡为神奇的镜头。在使用鱼眼镜头之后，地平线将会被弯曲，形成非常夸张的视觉效果。

普通镜头拍摄的湖泊，四平八稳缺乏视觉冲击力

使用图丽 10-17mm 鱼眼变焦镜头的 10mm 端拍摄，形成了非常夸张的令人吃惊的视觉特效

使用鱼眼镜头拍摄时应注意前景的巧妙利用，在这两幅相片上，扁扁的渔船被弯曲成了有趣的"弓形"

最后探讨一下偏振镜的用处：在拍摄水景的时候，有时为了消除水面的杂乱反光，必须使用偏振镜。但有时候反光和倒影也非常美丽，这时就不应该使用偏振镜，否则只会破坏了反光和倒影的美丽。

6.5

夜景摄影

夜景摄影主要分为两种情况：①手持数码相机拍摄。②使用三脚架进行拍摄。对于前面这种情况，以追求如何拍清楚为最高追求。

当手持拍摄时应注意如下技术要点：①将 ISO 感光度设置为 ISO0400 或 800。②如果有光学防抖动功能，那就开启该功能。③采用快门优先模式，将快门速度设置为 1/8 秒或者 1/15 秒（如果光线比较明亮，那就设置为 1/30 秒或者更快），然后采用连拍模式连拍数张。④在电脑上挑选出清晰的那一张，通常，连拍 10 张，最少会有一张是清晰的。

如果是使用三脚架进行拍摄，那应该注意如下技术要点：①将光学防抖动功能关闭。②将感光度设置为最低数值。③使用光圈优先或者全手动模式，将光圈设置为 F8 至 F16。④将反光板预升功能开启。⑤将文件格式设置为 RAW 格式。⑥最后使用自拍模式拍摄。

光圈优先模式，F8，ISO100，自动白平衡，RAW 格式，后期对色彩进行了个性化调整

手持拍摄，使用快门优先模式，1/15 秒，ISO400

在拍摄夜景的时候，如果是使用 RAW 格式进行拍摄，则将白平衡模式设置为自动。但如果使用 JPEG 格式进行拍摄，则最好是使用钨丝灯、荧光灯和日光模式同时进行拍摄，这样方便在电脑上挑选出合适的相片。

通常，在傍晚天空还未完全黑透的时候，使用钨丝灯模式会有较好的效果。但当天空漆黑之后，使用日光模式会有较好的效果。

自动白平衡或者日光模式：色彩比较平淡无奇

钨丝灯模式：道路笼罩了一层蓝色，色彩效果较好

自动白平衡或者日光模式：蓝色屋顶显得较为灰暗，城墙颜色也偏一些紫色调

钨丝灯模式：蓝色屋顶非常明亮纯净，城墙颜色也是纯正的蓝色，没有紫色的味道

夜景摄影，最怕曝光不足，对于曝光不足的相片，如果你用 Photoshop 等图像处理软件予以调亮，将会发现大量的明显的杂色噪点。夜景摄影，并不是曝光时间越长就噪点越多，反而是曝光时间不够的噪点越多。如果是使用 RAW 格式进行拍摄，可以采用增加一档曝光补偿的设置来拍摄，然后在后期软件上再减少一档曝光补偿，这样能够获得噪点最少的数码相片。

RAW 格式拍摄，增加了一档曝光补偿进行拍摄，在后期软件上减小了一档曝光补偿输出为 JPEG 格式

光圈优先模式，F8，ISO100，日光白平衡模式

F22 光圈，路灯变成了"星光"，车灯也被拉成了长长的光迹

在拍摄夜景的时候，如果使用 F16 或 F22 这样的小光圈进行拍摄，则会使得明亮的灯光变成"星光"。而且当采用 F16 或 F22 光圈拍摄时，快门速度也会变得较慢，这会导致运动物体被虚化：①如果是步行的路人，则只能看到隐约的虚影，或者干脆什么痕迹都不会出现在相片上。②如果是疾驰的汽车，则车灯将会留下长长的光迹。要想拍摄到这样的相片，你可以找一个过街天桥站在上面进行拍摄。

光圈优先，F8，RAW 格式，后期对色彩进行了细微调整

在拍摄夜景的时候，为了防止有些强光物体对曝光造成负面影响，我们可以准备一张黑色的卡纸。例如，当有汽车迎面开来的时候，为了避免汽车大灯的强烈光线照射进来，就可以使用黑色卡纸遮挡住摄影镜头，当汽车驶过后，移开黑色卡纸继续曝光就可以了。

6.6 花卉摄影

几乎所有摄影镜头都能拍摄花卉，尤其是带有微距功能的长焦镜头。例如，腾龙 75-300mm 镜头和适马 70-200mm 镜头就都具备非常不错的微距功能，它们的最大放大比例可以达到 1：2，几乎就可以替代微距镜头了。拍摄花卉，最需要耗费心思的就是设置对焦和光圈了，尤其是光圈的设置，根本没有一个原则可以遵循，大光圈也可以，中等光圈也可以，小光圈也可以，一切就看你想要获得多大的景深和取得怎么样的虚化效果了。但就笔者个人习惯而言，通常都是使用最佳光圈。

佳能 50mmF1.4 摄影镜头，光圈优先，F1.4

佳能 70-200mmF2.8L 摄影镜头，光圈优先，F2.8，在对焦时没有将焦点对准最前面的粗壮花蕊，而是对准了稍后面一些的细小花蕊，由于使用了 F2.8 大光圈，景深特别小，虚化效果非常漂亮

　　拍摄花卉时，常用的构图方法有两种：①井字格法，也就是将被摄主体放置在井字格中的其中一点上，这常常用于表现一束花或者一丛花。②对称法，对于有些单朵的花卉，例如睡莲，可以将花卉摆放在画面的最中心。另外，对于喜欢写博客的摄影爱好者，还应该考虑到后期裁剪的问题，通常，方形画幅的相片最适合用于写博客，在拍摄时应考虑到这一点。

佳能 18-55mm 摄影镜头，光圈优先，F8

腾龙 75-300mm 摄影镜头，光圈优先，F8

图丽 100-300mmF4 摄影镜头，光圈优先，F16

尼康 18-135mm 摄影镜头，光圈优先，F8

经常拍摄花卉，不仅能够提高人们对美丽的鉴赏力，而且让你拥有更好的发现美的直觉。花卉摄影不仅仅只是把照片拍摄清楚这样简单，如果只是把照片拍摄清楚，那只能是"科普摄影"，或者是数码版的《本草纲目》。花卉摄影应该追求一定的品位和意趣，读一些关于描写花卉的诗词可能有助于你拍摄出更好的花卉相片。

这张相片采用了对角线构图，因而显得颇有动感

红和绿的强烈对比，交错的枝干增添了热闹的氛围

虽然采用了中心构图法，但花瓣并不完全一样

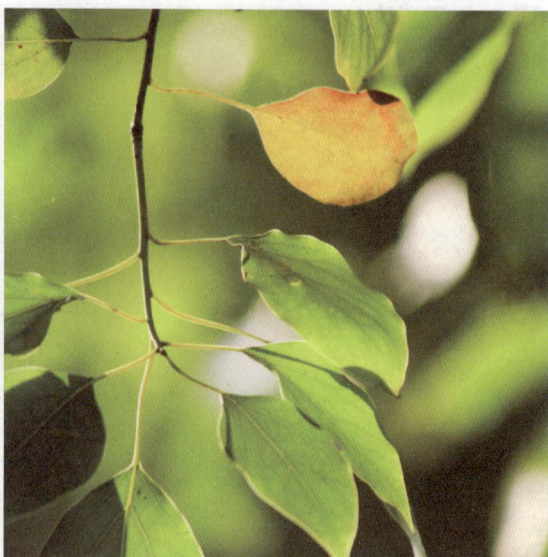
"一叶知秋"，这是"同中求异"的构图方法

要想拍摄好荷花，应注意如下几点：①尽量早起，在上午十时之前是拍摄荷花的最佳时刻。②如果无法早起，那就下午四时后再去，此时可以拍摄逆光荷花，尤其是使用折反射镜头时能够将斜阳虚化为一圈圈的明亮的圆环，非常有趣。③拍摄荷花，应使用光圈优先模式，并且最好是在最大光圈的基础上缩小一级光圈拍摄，这样不仅能使荷花有最好的清晰度，也能最大化地虚化背景。④如果有较大的风，则可以拍摄风荷，拍摄风荷时，应使用快门优先模式，将快门速度设置为 1/60 秒至 1/250 秒。⑤如果经济宽裕，最好购买一片偏振镜，它可以有效消除荷叶上的反光。

香消玉殒的残荷也别有一番风味

这张相片采用了"井字格"构图法

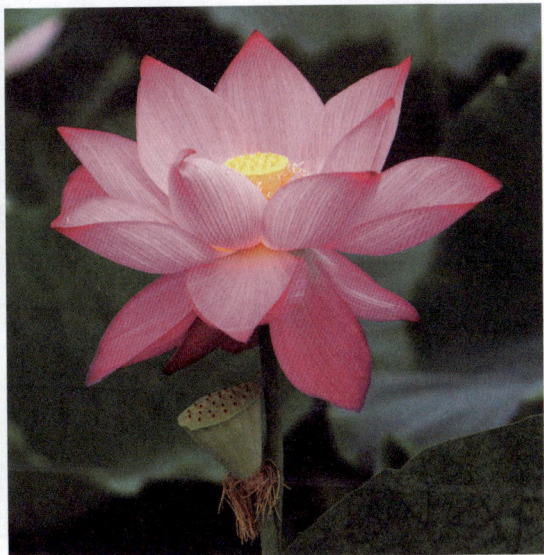

一颗莲蓬打破了看似严格对称的构图，生机勃发

在拍摄花卉的时候，常常会为了使得背景简洁，有意以深色的景物作为背景，此时应该酌情减小 1 档曝光补偿，否则就会曝光过度。有些资深摄影爱好者为了简化背景，常常会在花卉的后面放上一张深色的卡纸，这也会对自动曝光产生影响，因而也需要酌情减小曝光补偿。

6.7

昆虫摄影

昆虫摄影比花卉摄影更加有趣，而且对摄影师的耐心更是一个考验。昆虫摄影最好是选择专业的微距镜头，例如 100mm 微距镜头就是比较大众化的选择，但如果要更好地拍摄好昆虫，则应该选购 180mm 微距镜头。

在拍摄昆虫的时候，应注意别让摄影镜头自动对焦时发出的"吱吱"声吓跑了它们了，如果老是因为自动对焦的声音打扰了昆虫，那就还是使用手动对焦吧。此外，为了获得适当的景深，F8 和 F11 是非常必要的。但是小光圈会导致快门速度较慢，为了提高快门速度，闪光灯是必要的。

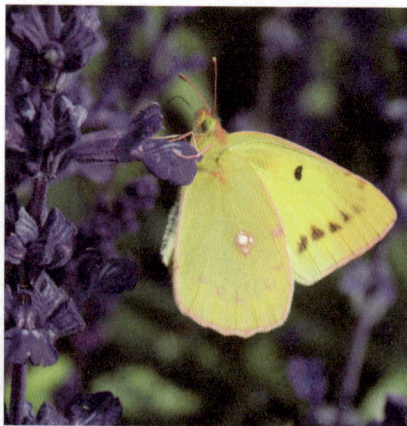
蝴蝶贪婪吸吮花蜜时是最适合拍摄的时刻

田间地头是拍摄蝗虫、蜻蜓、萤火虫、甲壳虫等昆虫的好地方，只要细心，你会发现很多精彩的瞬间正在等着你。有太阳直射的时候，虫子们大多都躲在叶子底下乘凉；而当太阳不是那么强烈时，比如黄昏，虫子们就会出来嬉戏了。但对于蜜蜂和蝴蝶，它们一天到晚都在忙碌着觅食，因而随时都可以拍摄它们，要想拍摄到四处飞来飞去的蜜蜂或蝴蝶，一定需要足够的耐心，也许你按够 100 次快门时也没有一张满意的相片，但成功也许就在第 101 次按下快门的时候。

　　由于拍摄昆虫通常都需要小光圈，这在阴天或者黄昏时就会遇到快门速度太慢所导致的模糊问题。为了能够全天候拍摄昆虫，经济宽裕的朋友不妨选购一款微距摄影专用的闪光灯，有了这种闪光灯，随时随地都能够拍摄到和自然光一样柔和的昆虫相片，即便是夜晚，这种闪光灯也能模拟出太阳光的照明效果。

会写英文字母的彩色蜘蛛，光圈优先，F8

正午时分拍摄到的一只蝗虫，光圈优先，F8

黄昏来临之前，是在田间地头拍摄昆虫的最佳时间，此时的阳光比较柔和，不像中午那么刺眼

6.8

鸟类摄影

鸟类摄影最好使用长焦镜头，例如佳能 100-400mmL 和适马 170-500mm 就是目前比较入门级的拍摄鸟类的镜头。对于经济宽裕的用户，300mmF2.8 加上 2 倍增倍镜会是最好的选择。拍摄鸟类最需要注意如下两点：①耐心，不论失败多少次都要坚持。②掌握一些适当的技巧，比如说穿上绿色迷彩服，给摄影镜头套上伪装。至于具体的拍摄技术，和接下来的运动物体拍摄基本上是一样的。

动物园是练习拍摄鸟类的好地方，这些鸟丝毫不怕人类

快门优先模式，1/500 秒，图丽 100-300mmF4 镜头，焦距设定为 300mm，由于有几束菜花遮挡在镜头前面，因而在虚化之后就变成了一团黄色

1/500 秒快门速度，能产生虚实结合的效果，此外，由于在按下快门的同时仍然在移动数码相机，因而背景也出现了轻微虚化

在拍摄飞翔的鸟类时，最好不要使用1/4000 秒这样的高速快门，因为这将会把鸟类的身体彻底的凝固下来，反而缺乏动感了。反之，如果我们使用 1/500 秒或者 1/800 秒这样的快门速度，就能够在保持鸟类身体清晰的同时，让正在扑棱着的翅膀出现轻微的虚化，这种"虚实结合"的效果有着更强烈的动感。

任何动物都贪吃，鸟类也不例外，带上一些小米或者面包，每天固定将食物撒放在荒凉的草丛或者树林里面，鸟类就会经常光顾这个地方了，这将会大大方便你的拍摄。不过，这种方法只对时间非常充裕的人有效。

在辽宁盘锦湿地自然保护区，丹顶鹤是比较容易被拍摄到的，由于大家对它们都很友善（一定不要惊吓它们），因而丹顶鹤并不是十分惧怕人类，有时候，即便是普通的 18-55mm 镜头也能拍摄到构图饱满的画面

白鹭在筑巢孵化期是比较容易被拍摄到，这张相片采用了佳能 100-400mmF4.5-5.6L 摄影镜头

动物园的鹦鹉体形较大，活泼可爱，是练习鸟类摄影的理想选择

6.9 宠物狗摄影

要想拍摄好宠物狗，应注意如下拍摄事项：①对于新手，可以使用运动模式拍摄。②对于用了一段数码单反的用户，当拍摄运动状态的宠物时应使用快门优先模式，当拍摄静止状态的宠物时应使用光圈优先模式。③将自动对焦模式设置为连续自动跟踪对焦模式。④尽量采用较低的拍摄角度，一般都要蹲下来，如果要想得到最佳效果，那就趴在地上。不过，现在很多数码单反都可以使用液晶屏实时取景，尤其是可以旋转的液晶屏非常有利于拍摄宠物狗。

光圈优先模式，F5.0，索尼 75-300mm 摄影镜头

光圈优先模式，F5.6，索尼 75-300mm 摄影镜头

快门优先模式，1/50 秒，在移动数码相机的同时按下快门，产生了强烈的动感虚化效果

快门优先模式，1/800 秒，连续自动跟踪对焦模式，嬉戏的轻曼姿态被轻松凝固了下来

在拍摄宠物狗时，为了更好地表现毛茸茸的质感，我们应该选择侧逆光拍摄，并注意选择较暗一些的背景。要想体现出非常强烈的动感，可以使用追随摄影法：选用快门优先模式，将快门速度设置为1/125秒或者更慢一些，然后在将数码单反随着宠物狗而移动的过程中按下快门，就可以拍摄到背景被虚化为线条形状的相片了。

至于说构图方面有什么秘诀的话，那就是尽量将宠物狗摆放在画面的最中心位置，并注意不要构图太满了，这样你就可以专心于捕捉瞬间了。最后，再在电脑上进行裁剪，也就是常说的"二次构图"。

侧逆光拍摄，轮廓光使毛茸茸的宠物狗更加帅气可爱了

背景较黑时，有利于突出被摄主体

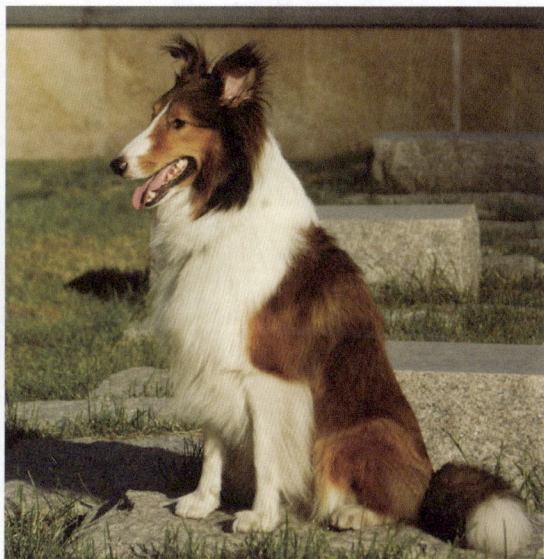

背景较亮时，画面显得较为杂乱

6.10

运动摄影

摄影是瞬间的艺术，对于运动类题材更是如此。在拍摄运动题材时应注意如下要点：①如果来不及设置快门速度、ISO 感光度、连拍模式等参数，应立即选择运动模式。②对于非突发场合，应选择快门优先模式，并酌情将快门速度设置到较高的数值，一般舒缓的运动，1/250 秒就可以了，但对于较激烈的运动，则需要 1/1000 秒甚至更快。③将对焦模式设置为连续自动跟踪对焦模式（在尼康相机镜头卡口右下角有一个拨杆，将其设置为"C"即可）。

快门优先模式，1/1000 秒，ISO320，连续自动对焦模式，佳能 100-400mmL 镜头，焦距设置为 200mm

对于佳能相机来说，需要进入菜单才能设置自动对焦模式：ONE SHOT 是单次自动对焦，AI FOCUS 是智能自动对焦，AI SERVO 是连续自动跟踪对焦。

连续自动对焦模式有助于在连拍的时候准确及时跟踪对焦

佳能的自动对焦模式设置菜单

在拍摄某些运动物体时，并不需要使用高速快门，例如当摩托车冲向天空的时候，如果摩托车正好到了最高点，此时，只需要用 1/250 秒或者 1/500 秒就可以清晰抓拍。再比如说，舞蹈演员在跳跃的时候，正好凌空飞起在空中的时候，也可以只用 1/125 秒快门速度予以清晰捕捉。这种情况也被称之为"瞬间静止点"，有经验的摄影师常常会在运动达到最高潮（瞬间静止）的时候按下快门。

快门优先模式，1/60 秒，ISO400，在舞蹈时常常会有短暂的静止瞬间，有经验的摄影会适时按下快门

Chapter 07

彻底掌握捕光弄影的构图秘诀

本章导读

在掌握了摄影技术之后，也许你对数码相机的每一个按键的功能都烂熟于心，可是你是否仍然苦恼于拍摄不到好看的摄影作品呢？那就学习一下构图和用光的技巧吧。摄影不仅是一门技术，更加是一门艺术。摄影是光与影的艺术，也是选择的艺术，艺术大师罗丹说"世界上不是缺少美而是缺少发现美的眼睛"，的确如此，每个人都有自己独到的欣赏眼光和角度，每个人都应该能够抓拍到那份属于自己的美丽。

7.1

摄影构图的十大要诀

简单来说，摄影构图就是如何发现美、如何再现美、如何创造美的技术，例如，一些肉眼看起来并不怎么美丽的场景，在经过摄影家的巧妙构图之后往往就会焕发耀眼的美丽光芒。面对同一个拍摄场景，不同的摄影家通过各自的眼光寻找着自认为最佳的拍摄角度和构图，这说明摄影构图并非是有统一的目的，而是因人而异的。有时候，对于构图，不同的人会有不同的见解，这些都是很自然的，我们要做的就是按照自己的眼光和兴趣去构图。

7.1.1 摄影是减法

其他艺术都是从无到有的创造艺术形象，这被称之为"加法"。只有摄影艺术是从纷繁万千的现实世界中抓取出美丽的一瞬，因而我们常常把摄影构图称之为"减法"。既然是"减法"，那就需要去芜存菁，从"触目横斜万千朵"中挑选出最美的那一朵予以突出，简洁是必须的。

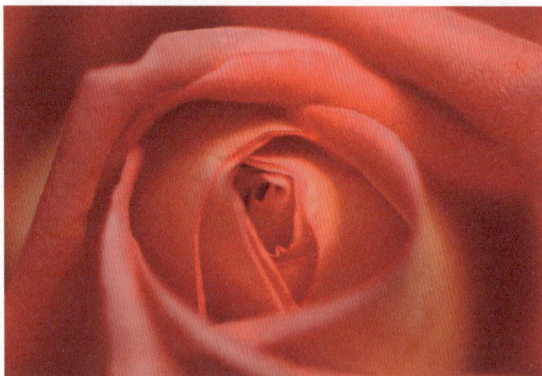
这张相片将花枝绿叶都摒弃了，只单独表现花心

摄影师的眼光聚焦在非常微小的一片天地里

简洁、干净、主体突出，是一幅好摄影作品的关键

纯净的色彩，往往具有令人感慨的神奇力量

7.1.2 将地平线放在1/3位置

在拍摄风景相片的时候，有一条非常简单的构图秘诀，这就是将地平线放在画面上偏上或偏下 1/3 位置处，这是最为接近黄金分割比例的构图方法，因而显得非常的静美。

地平线位于偏下 1/3 位置处，画面平衡感良好

地平线位于偏上 1/3 位置处，强调出湖泊的广阔

7.1.3 被摄主体放在井字格上

在拍摄人像和花卉等被摄物体时，也有一条非常实用的构图法则：如果在画面上画出一个"井字格"的话，那么就应该将被摄主体的关键部位放置在井字格的某一个交点上。

将人脸放在"井字格"的左上角交点上

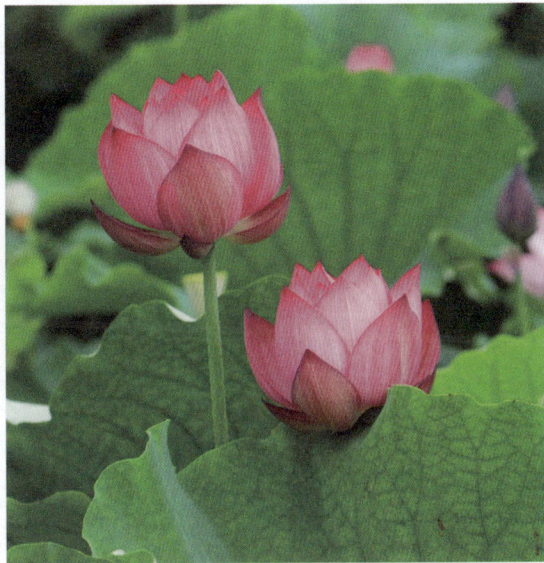

两朵荷花都在"井字格"上

7.1.4　使用对角线构图法增强动感

在拍摄昆虫等生物时，有意将被摄主体斜向摆放有助于增强动感。对角线构图具有不稳定因素，例如对于正在蠕动的毛毛虫，如果采用对角线构图，则看起来就像真的在蠕动似的。

对角线构图将"蠕动"一词予以动词化

仿佛时刻都能从警觉中起飞的小蜻蜓

7.1.5　巧妙利用前景增加画面气氛

在拍摄人像和花卉时，可以适当增加一些前景以起到增加画面气氛的意图，不仅如此，前景还可起到增强空间深度感的作用，在拍摄时应该根据需要灵活安排和运用前景进行构图。

前景的辣椒暗示了重庆美女的"麻辣干脆"

前景的杜鹃花不仅交代了季节还增强了空间深度感

7.1.6 巧妙利用框架增加空间深度感

　　古人喜欢靠着窗户凭栏远眺，这也许就是利用框架进行构图的最早尝试。中国古典园林和建筑，特别强调景致中的景致，各式各样的窗棂和门洞、走廊就像画框一样将美丽的景色——定格。利用框架的构图也被称之为隧道式构图，有一种别致的感觉。

从城墙的洞门中更能感受到城楼的威严

从窗户中瞥见的雪山，正应了"窗寒西岭千秋雪"的意境

7.1.7 巧妙利用虚实对比

　　虚虚实实是中国人为人处事的一项重要技巧，对摄影来说也是这样：①利用景深将背景虚化能够突出主体。②利用慢速快门将运动物体虚化，可以以强调时间的流逝。

虚的蝴蝶和实的蝴蝶共同构成美妙的瞬间

星星被慢速快门虚化为线条，和古老城墙形成对比

7.1.8　巧妙利用线条的构成

　　中国古老的岩画和书法艺术都是描绘"线条"的艺术,这足以说明线条是视觉艺术各项元素中的重要基石。摄影自然也不例外,在大自然中存在着大量美丽有趣的线条,例如粗细疏密有致的树林、残败颓废的冬日荷田、弯弯曲曲互相交织穿插的梯田、卷成一团的理不清的细铁丝、由中心向外散发的棕榈树叶……等等这些,都是非常好的拍摄题材。

　　为了强调这些线条,我们可以使用超广角镜头将它们汇聚在一起,也可以使用微距镜头将美丽的植物枝蔓从纷繁的环境中截取出来。除此之外,逆光和侧逆光有助于使线条呈现出深浅变化。

残败的荷田,杂乱无章的荷梗竟然能够呈现出美丽的一面

逆光有助于我们在大自然中提炼出迷人的线条

层层交织的线条是富有生命力的有力证明

超广角镜头能够将树木汇聚到一个方向上

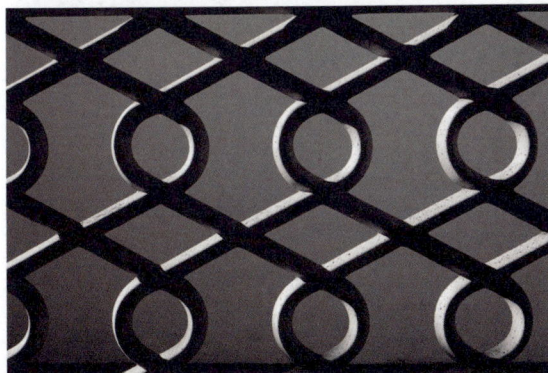

直线和曲线的牵手，别有一番情趣意味

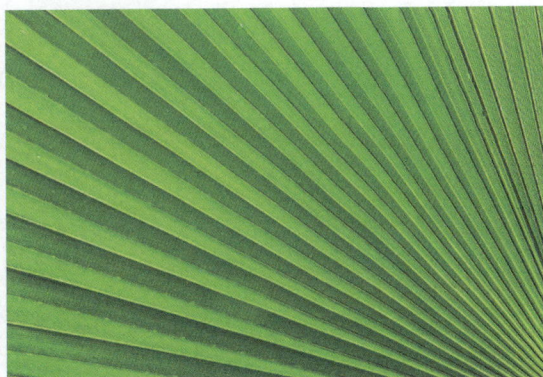

棕榈树的叶子天然就有由内而外的放射线线条

虽然只是一根卷成一团的废旧钢丝，但摄影师通过一个较暗的背景将其凸显强调出来

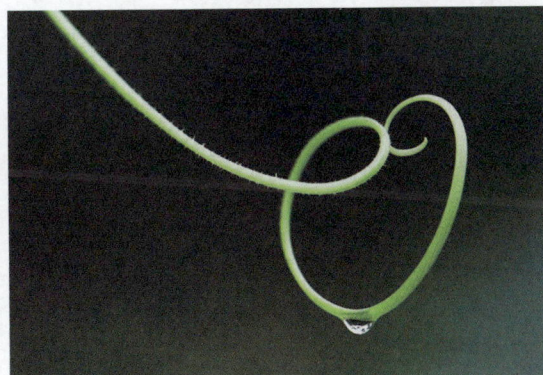

也许谁都不曾仔细端详过植物的须茎枝蔓，但微距镜头却能够认识到它们的美丽

7.1.9 使用最少的色彩

　　前面说过摄影是减法，在色彩的搭配上也可以利用"减法"原则，这就是尽量简化数码相片的色彩，简单的色彩将产生安静和静谧的感觉。如果要表现出"静"的一面，则应该使用最少的色彩。

　　比如说在拍摄风景时，可以让画面上只出现蓝色和绿色，由于蓝色和绿色其实是和谐色，因而不会互相产生竞争和冲突，自然也就显得极其安静了。

蓝色和绿色是和谐色，天生就是一对安静的组合

九寨沟的美丽就在于极其原始的纯净，这种纯净不会使人豪情万丈，只会使人从喧嚣的尘世中回归宁静

逆光将绿叶照射得透亮，产生了深浅不一的绿色，这样纯粹的绿色画面，让人心情愉悦舒畅

紫色兼有神秘和高贵两种特质，明亮的紫色则更多代表高贵和浪漫

7.1.10 使用对比强烈的色彩

在7.1.9节"使用最少的色彩"里我们强调的是"安静",那么我在这里则要强调的是"动感"。当两种颜色就像磁铁南北极那样具备互相排斥的视觉感受时,我们就可以认为它们是对比色,例如红色和绿色。

要想引发人的冲动的激情,最好的办法就是使用对比色的构图,如果说"使用最少的色彩"符合老庄清静无为的心境,那么"使用对比强烈的色彩"就是孔子积极出世的心境。"红杏枝头花春意闹",在一片绿色中,红色无疑是热闹的。

红色的蜻蜓和绿色的青草形成了强烈对比,一种紧张感扑面而来

红色和绿色是最为常见的对比色

万绿丛中一点红的规则并不适用于摄影构图

从物理科学的角度来说，对比色指的是色轮上互相对望的两种颜色（两者在色轮上的位置相差180°）。例如，蓝色的对比色是橙色，紫色的对比色是黄色。在这些对比色中，笔者最喜欢黄色和紫色的组合，例如笔者最喜欢的漫画家几米就最偏爱使用紫色和黄色，当然，印象派画家们也很喜欢紫色和黄色的搭配组合。

在使用对比色进行构图时，完全没有必要顾及到两者之间的强弱和比例问题，所谓"万绿丛中一点红"的构图法则也许只适用于绘画艺术，在大自然中，很难找到色彩搭配难看的例子，任何花朵或者鸟类的色彩搭配几乎都是非常美丽的，摄影师只是记录而已，因而很难拍摄的不美丽。

睡莲的花朵就是紫色和黄色的搭配，非常高贵迷人

菊花也是黄色和紫色的搭配，令人神清气爽

橙色和蓝色是对比色，凝重之中有一种沉睡的激情

蓝色的沉静和橙色的热情，唤起对未来的激情

7.2

摄影用光的五个要诀

摄影既是瞬间艺术，也是光影的艺术。一个出色的摄影师一定对光线有着充分的敏感和直觉，他们不仅知道什么情况下的光线最为理想，也知道一些化腐朽为神奇的用光秘诀。接下来就进入光影的世界探寻其奥秘吧。

7.2.1　巧用人工光源

在生活中，其实有很多人工光源可以利用。例如，酒店大堂或者酒吧的光线就非常适合拍摄人像，再比如说，手电筒和电取暖器发出的光线也是非常柔和美丽的。在室内拍摄人像时，我们可以利用电取暖器发出的光线拍摄出迷人的人像相片。在傍晚或者夜晚拍摄风景时，我们常常会利用手电筒对风景进行扫描。

这是在隧道内利用现场光线拍摄的相片，钨丝灯给人像罩上了温暖的橙色

这是使用电取暖器照明拍摄的相片，低角度照明在人脸上留下了清晰的阴影，优雅而且迷人

在使用暖色调的现场光源拍摄时，应注意白平衡的设置，通常，将白平衡设置为日光模式能够较好地还原出现场的橙红色调。

这是在路边的小摊贩上借助手电筒的光线拍摄的相片，不均匀的光线和阴影更加强了神秘感

在拍摄这类暗调为主的相片时，做了减小 1.5 档曝光补偿的设置，否则就会曝光过度

这张相片使用了类似于手电筒的光源进行扫描照射，曝光时间长达 360 秒，光圈为 F11

7.2.2 巧用闪光灯

闪光灯的作用并不仅仅只是可以在光线不好的环境下拍摄纪念相片，其实，闪光灯的另一个重要用途就是凝固高速运动物体。由于闪光灯的闪光持续时间通常都只有1/10000秒或者更短，因而我们可以使用闪光灯将滴溅的牛奶清晰定格下来。当闪光灯和声控或者红外线控制系统配合使用时，能够将子弹射出的瞬间以及青蛙跳起捕食的瞬间清晰捕捉下来。

在使用闪光灯的时候，还有一点需要注意的就闪光曝光补偿了，利用闪光曝光补偿功能可以决定对闪光的曝光量的增减。

使用闪光灯将正在扇动翅膀的蜂鸟清晰定格

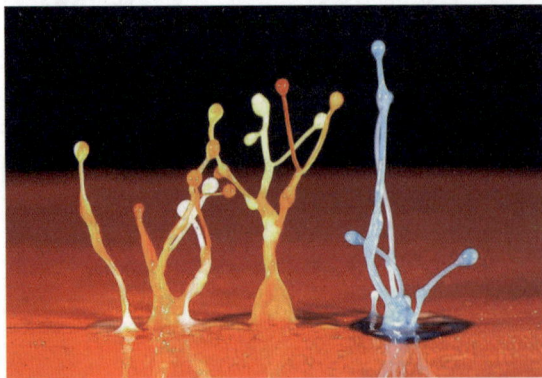

使用闪光灯可以轻易将滴溅的水花清晰定格

闪光灯配合慢速快门，可以兼顾近景和环境

当使用闪光灯进行拍摄时，你将会发现快门速度被固定在1/90秒或1/125秒这样的数值上而无法改变，要想改变快门速度，你应该使用快门优先模式或者全手动模式，但无论怎么设置，千万不可将快门速度设置的高于闪光灯同步速度（每款相机的闪光灯同步速度在说明书参数表上可以查询到）。另外，在使用闪光灯凝固运动物体的时候，决定运动物体的曝光时间的是闪光灯的闪光持续时间，而不是快门的开启时间，快门只是控制环境光线的曝光时间。

7.2.3　巧用侧逆光

　　当光线从被摄物体的侧面或者后方（非正后方）照射来时，这样的光线被称之为侧逆光。侧逆光能够较好的表现出空间立体感，是最富有深度的光线。一片小小的树林，如果是顺光照明的话，则会显得很平淡无奇，也缺乏立体感；但是如果光线从侧后方照射过来，会显得充满了生机和活力，立体感也非常强烈。

侧逆光强调了空间深度感，是一种立体的光线

侧逆光给奶牛镶上了金边，而且主体也不至于太暗

在拍摄这类明暗对比强烈的场面时，单单只是凭直方图都难以判断曝光是否合适，因此最好是采用包围曝光法，在多次拍摄这样的场景之后就会有经验了

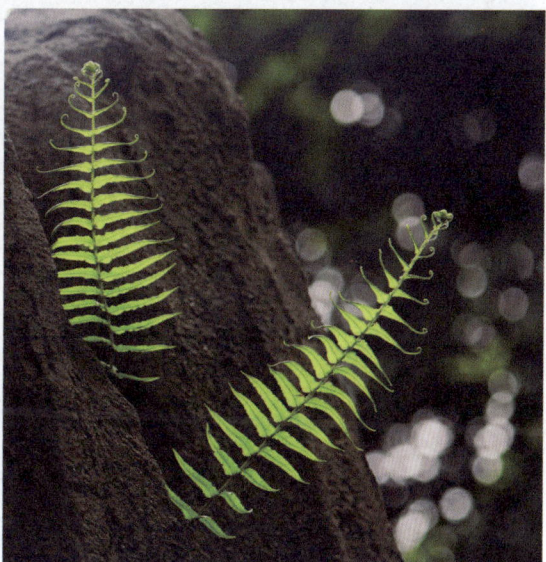

在拍摄这张相片的时候，减小了 1 档曝光补偿，否则就会曝光过度。（75-300mm 摄影镜头，光圈优先模式，F4 光圈，）

　　侧逆光也适合拍摄花卉，它能够强调出花卉晶莹剔透的质感。在使用侧逆光拍摄花卉时，除非是使用黑色作为背景，一般情况下没有必要增加或者减小曝光补偿。

秋天的下午使用侧逆光拍摄的荷叶和莲蓬的相片

侧逆光有效强调了荷花花瓣晶莹剔透的质感

侧逆光在蜜蜂身上绘出了明亮的轮廓光，由于是以黑色做背景，因而减小了 1 档曝光补偿

7.2.4　巧用逆光

逆光是从被摄物体正后方照射而来的光线，它是最受摄影师喜爱最有魅力的光线。

逆光使得平凡的狗尾草变得非常美丽

逆光使得芦苇的轻盈质感得到了表现

由于是逆光拍摄人像，因此用了闪光灯进行补光

如果是顺光，枫叶就不会绿得如此明亮了

选用深色作为背景更好地强化了绿叶的透明感

前景的挑水人为日落增添了趣味

轻舞飞扬的围巾，在逆光下更加英姿飒爽

铁路钢轨在逆光的照明下显得十分光亮，超广角镜头有效将铁轨汇聚到了远方

逆光下的景色确实是非常美丽，好一派田园牧歌式的温馨场面

　　由于逆光下的光照对比度强烈，而且色彩也异常丰富，为了最大限度的记录这些明暗细节和色彩层次，最好使用 RAW 格式进行拍摄。当拍摄逆光人像时，如果不是为了拍摄到剪影的效果，最好开启闪光灯。当画面中有太阳出现时，应适当减小 1 ～ 2 档曝光补偿。此外，光线直射到镜头上可能会产生光串，有时候这些光串能够起到美化构图的作用，而有时候又会破坏构图和美感，所以，应该根据实际情况予以保留或者避免。

7.2.5 巧用影子

　　光和影常常是相伴不离的，影子能够起到如下作用：①增强立体感，使平面的相片变得像真实的景物一样。②增强气氛，使平淡无味的相片充满或神秘或者浪漫的气氛。③平衡画面，当相片缺乏平衡而不稳当的时候，影子能够起到平衡画面的作用。④影子也可以作为"为了艺术而艺术"的构图元素。

影子使得这个贝壳似乎像真的一样触手可及，立体感很强，如果没有影子，这就只是像一幅漂亮的画而已

水中的倒影起到了平衡构图的作用

光影斑驳的树叶，颇有诗情画意

自行车的倒影有效增强了空间深度感

影子不仅平衡画面而且增添了情趣

影子起到了延伸空间的作用，也加强了黄昏时的神秘感

　　我们在拍摄的时候，不仅要利用现成的影子，还应该学会人工制造出影子。比如说拍摄自己的影子，或者将自行车放在阳光下面拍摄自行车的影子。在摄影棚拍摄时，尽管大平光有其通用性，但有影子的布光方式却更有艺术气质，好莱坞经典摄影布光方式中有一种被称之为"蝴蝶光"的，它就是以鼻影酷似蝴蝶而闻名。总之，摄影是光影的艺术，一定要利用好影子。

7.3

巧妙利用拍摄角度的变化

拍摄角度对于摄影的重要性就好比枪对于战士，因此，在拍摄一个景物时必须时刻准备着去寻找那最美的拍摄角度。从方向上来说，拍摄角度有正面、侧面、正侧面、背面等之分；从高低上来说，拍摄角度有俯视、平视、仰视等之分。对于职业摄影师，它们常常是机械的进行拍摄：不管三七二十一，先把一个被摄景物的正面、侧面、背面全都拍摄下来再说。这虽然公式化了一些，但对于完整的记录一个被摄场景是非常有必要的。

这是在同一个地点拍摄的两张相片，左侧为站着采用平视角度拍摄，右侧为蹲下来采用仰视角度拍摄

这两张也是在同一个地方拍摄的，区别在于左侧相片和右侧相片的拍摄地点相差了几米的直线路程

这三张相片拍摄的都是同一个门，但由于角度的变化，不仅构图完全不一样，而且给人的视觉感受也不一样：左侧这张相片最为夸张，凸显出狮子的凶猛和狰狞，右侧上方这张相片显得中规中矩，右侧下方这张相片虽然有些活力，但仍然缺少视觉冲击力

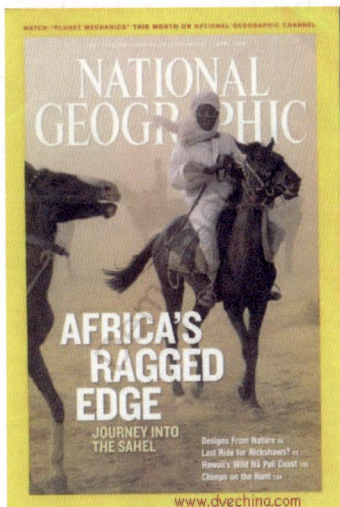

一张好照片几乎永远都是从数量众多的一般照片中挑选出来的，每按下一次快门都能拍摄到好照片的可能性是非常小的。就以鼎鼎大名的美国《国家地理》杂志为例，这本杂志上每一张已经刊登出来的相片的背后都是数以千记的落选相片。

经常，你会发现一个摄影记者在现场拍摄了好几百张甚至上千张数码相片，但是最终发表的却只有一张，这就是因为媒体在选择相片的时候有他自己的角度。

因此，在拍摄一个场景时，应尽可能先把它的所有角度都拍摄一遍，然后再针对重点角度进行重点拍摄，千万不可偷懒，要知道，摄影不仅是一门技艺，也是一项休闲运动。

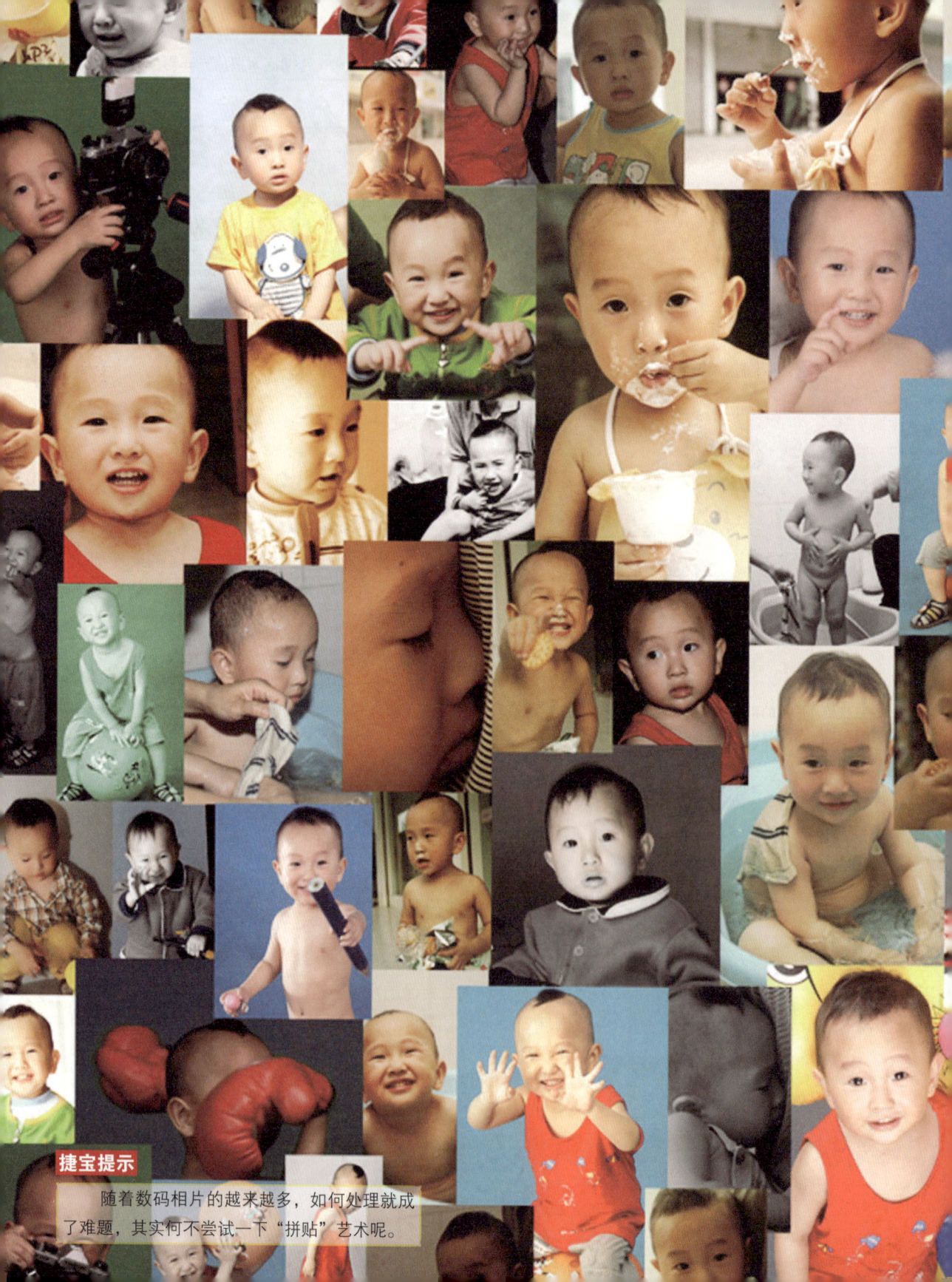

捷宝提示

随着数码相片的越来越多，如何处理就成了难题，其实何不尝试一下"拼贴"艺术呢。

数码单反的绝密武器：RAW格式完全指南

本章导读

RAW格式是一种色域非常广阔的文件格式，RAW格式也是一种支持16位的文件格式。当使用RAW格式拍摄时，最大的好处就在于对色彩和明暗层次的最大化记录，这是比分辨率更为重要的。要想用好RAW格式，就一定要掌握一些后期RAW格式处理软件的使用方法，本章就将结合实例介绍Photoshop和尼康CaptureNX等软件的使用要点。

8.1

RAW格式的拍摄要诀

在拍摄 JPEG 格式时，最忌讳的是曝光过度；而在采用 RAW 格式拍摄时，最忌讳的却是曝光不足。这是因为 RAW 格式对亮部层次的宽容度大于暗部，对于 RAW 格式来说，即便是曝光过度两档也是可以轻易校正过来的，并不会损失亮部细节；但是如果曝光不足的话，则不仅会损失暗部细节，而且在将影像调亮的过程中会造成噪点增多等负面影响。

接下来我们来看一个例子，这是一张在北京北海公园的 RAW 格式数码相片，拍摄时采用了 +2 档曝光补偿的设置，因而明显曝光过度了，但是通过 AdobeCameraRaw 软件进行调整之后又恢复了正常。如果这是用 JPEG 格式拍摄的，则几乎无法补救。

未调整之前，亮部层次丢失较多

使用 AdobeCameraRaw 软件对曝光量做了 −1.6 调整

再来看曝光不足的例子，在拍摄右侧这张夜景相片的时候，由于曝光不足，现在利用 AdobeCameraRaw 软件增加 +3.30 曝光量才能恢复正常亮度，但遗憾的是在调亮之后我们发现噪点非常多，几乎无法令人满意。这充分说明了曝光不足对成像质量的负面影响。

使用 AdobeCameraRaw 软件对曝光做了 +3.30 曝光量调整

8.2

使用Photoshop处理RAW格式数码相片

　　要想使用 Photoshop 软件处理 RAW 格式数码相片，必须先安装 AdobeCameraRaw 插件，该插件可以在 Adobe 官方网站 www.adobe.com.cn 下载。在成功下载该插件之后，应该将该插件解压缩之后拷贝到 Photoshop 软件的安装文件夹中，具体路径通常是：C:\Program Files\Adobe\Photoshop CS3\Plug-Ins\File Formats 。

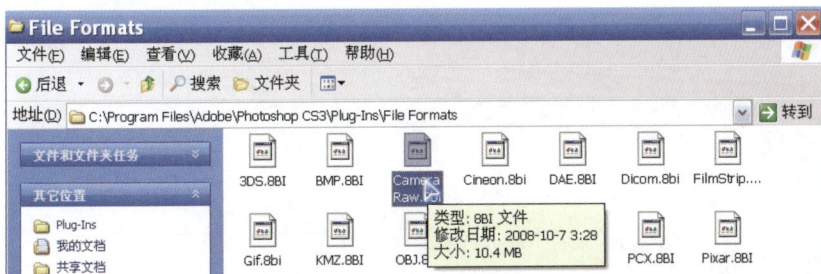

将 AdobeCameraRaw（CameraRaw.8bi）插件拷贝到 Photoshop 的安装文件夹中

这里是常用工具栏，例如放大工具、移动工具、白平衡工具等等，当你将鼠标移至某个图标上时，将会显示出该图标的中文名称

这里是常用功能栏，比如说白平衡、色温、曝光度等都可以在这里进行调整

当你对 RAW 格式图像处理完毕之后，如果想要在 Photoshop 软件中打开这张相片并继续进行处理，则单击"打开图像"按钮即可

当你对 RAW 格式图像处理完毕之后，如果想要将其保存为 JPEG 或者 TIFF 文件，单击"存储图像"按钮即可

AdobeCameraRaw 的工作窗口视图

8.2.1　实例一　草原晚歌

　　现在我们来看看如何使用 RAW 格式将一张黯淡无色的草原相片调整为色彩鲜艳、光影对比强烈的效果，这里主要用到对黑色、曝光度、饱和度等参数的调整。

第一步　使用 AdobeCameraRaw 打开一张在草原拍摄的 RAW 格式数码相片

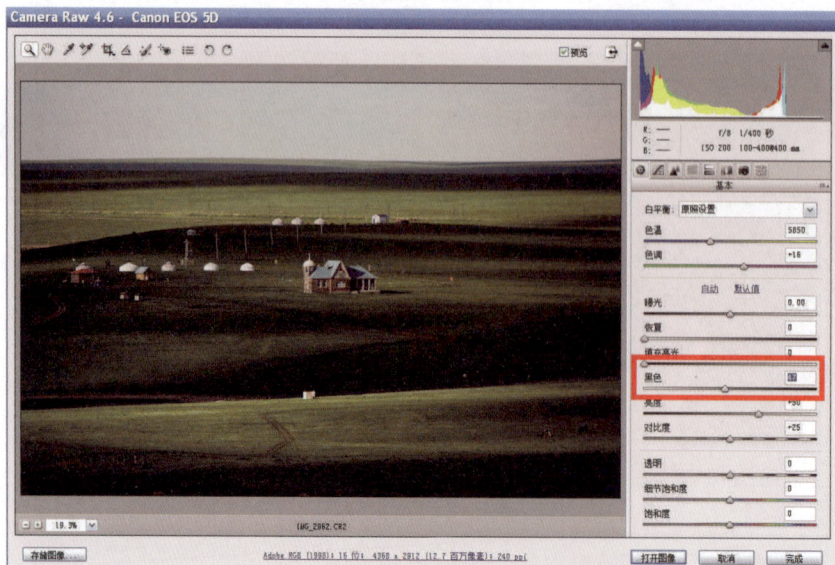

第二步　向右拖动黑色滑块至 47，加强阴影处的对比效果

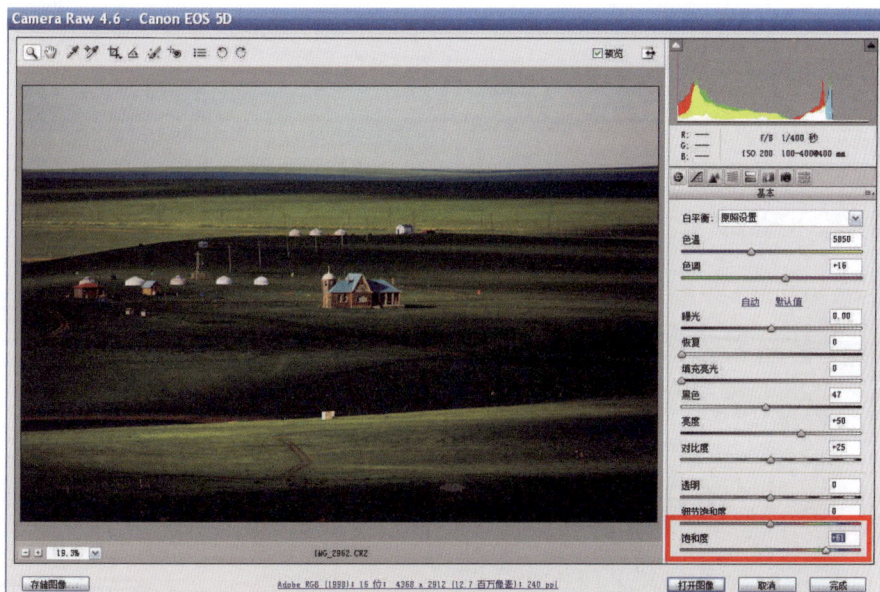

第三步　向右拖动饱和度滑块至 +61，提高整体的色彩饱和度

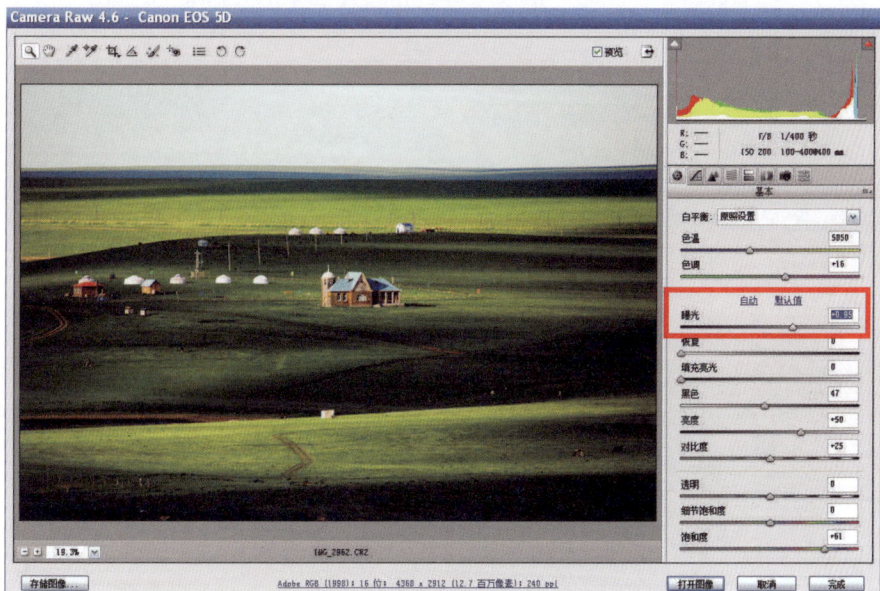

第四步　向右拖动曝光滑块至 +0.95，将整体亮度调亮。至此，调整就全部结束了，在经过调整之后，灰蒙蒙的草原变成了色彩鲜艳光影对比强烈的效果

8.2.2 实例二 多彩的鸟巢之夜

有人常常抱怨夜景相片的色彩不够透明不够多彩，那么我们现在就来看看将色彩灰闷的这张鸟巢的 RAW 格式数码相片调整好吧。

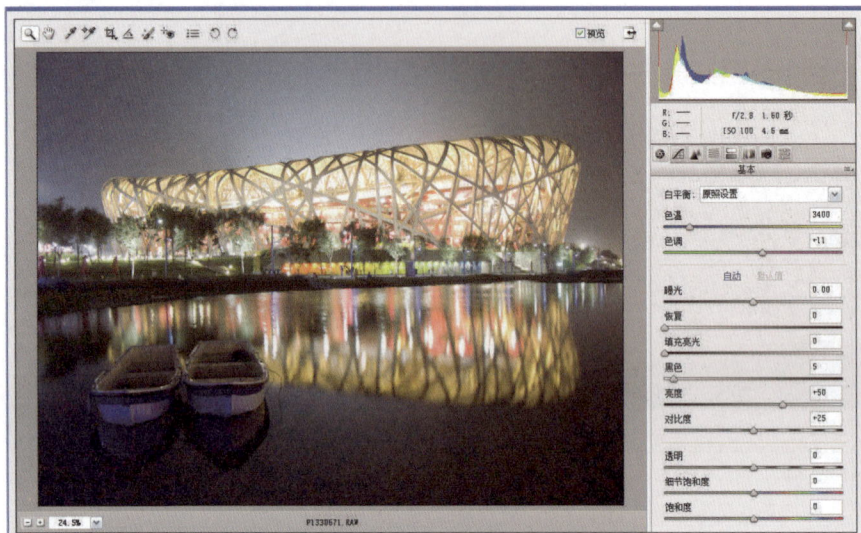

第一步 使用 AdobeCameraRaw 打开一张在鸟巢拍摄的 RAW 格式数码相片

第二步 向右拖动色温滑块至 3750，向右拖动色调滑块至 20，以增强红色调。向左拖动曝光滑块至 -0.50，以压暗亮度。向右拖动黑色滑块至 12，以加强暗部的深色调。接下来，分别对透明、细节饱和度、饱和度这三个参数做增加处理，以提高相片的色彩饱和度

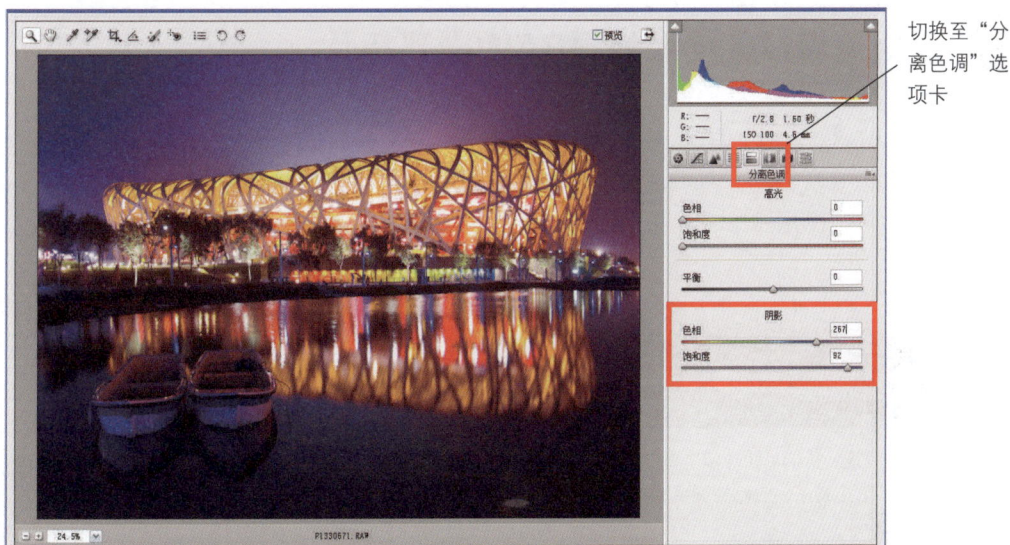

切换至"分
离色调"选
项卡

第三步　切换到分离色调选项卡，对阴影进行调整：拖动色相滑块至267，拖动饱和度滑块至
92，以增强天空和水面的蓝紫色

切换至"相
机校准"选
项卡

第四步　切换到相机校准选项卡，对阴影和红原色进行调整：拖动色调滑块至 +40，拖动色相滑
块至 3，拖动饱和度滑块至 +45。至此，全部调整就结束了。在经过调整之后，鸟巢焕发出了多
彩的光芒，整幅相片也显得非常透明

8.3
使用尼康U点技术处理RAW数码相片

尼康在 RAW 格式图像处理技术上无疑是非常领先的，在其 CaptureNX 软件上集成了 U 点技术，采用该技术可以对数码相片的特定局部区域做单独调整，如果要在 Photoshop 软件中做类似的调整则需要用到蒙板图层等非常复杂的工具，步骤也很麻烦。接下来，我们就来体验一下尼康 U 点技术的神奇魅力吧。

在尼康 CaptureNX 软件的工具栏上有一个彩色控制点工具按钮，这就是所谓的 U 点功能之一（U 点还包含黑色控制点、白色控制点、灰度控制点）

在工具栏上选取了彩色控制点工具之后，将鼠标移动至图像上单击即可增加一个彩色控制点，彩色控制点外围的虚线圆环代表它的有效调整范围：你接下来所做的调整将只会对虚线圆环内的影像有效

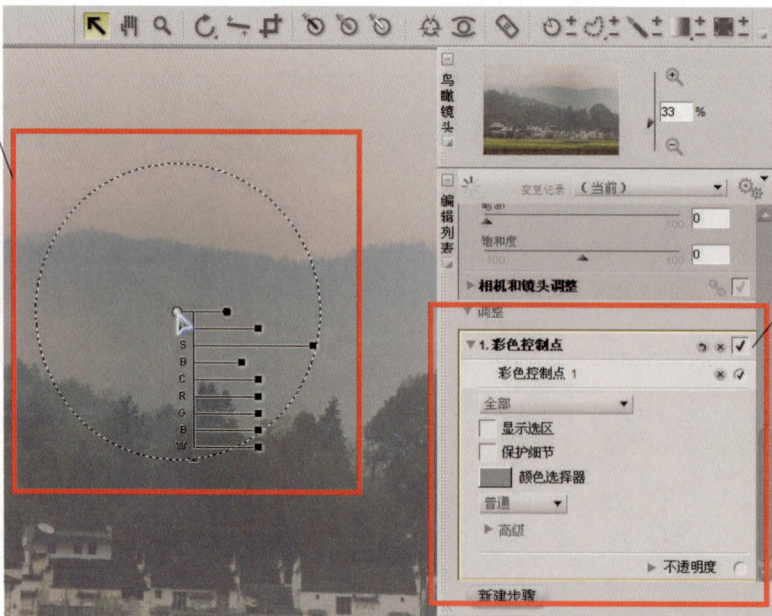

当你增加了一个彩色控制点之后，调整面板上就会出现一个相关的选项，在这里，你可以对该彩色控制点予以删除或者隐藏等操作

尼康 CaptureNX 软件可以允许添加数个彩色控制点，每个彩色控制点都可以单独进行调整，如果你想将这些调整过程和步骤都保存下来，则只需要选择将图像文件保存为".nef"文件即可

接下来我们来看一个使用彩色控制点对数码相片进行调整的例子，这是一张在林木场拍摄的数码相片，我们希望尽可能突出烟囱和炊烟。

第一步　使用 CaptureNX 打开一张在林场拍摄的数码相片

单击该图标按钮，选取黑色控制点工具

将鼠标移动至该处单击，即可添加一个黑色控制点，无须对该点做任何调整

第二步　在前景树林的阴影处增加一个黑色控制点，以压暗暗部影调

在选取彩色控制点工具之后，将鼠标移动至相片的右上角处单击，即可添加一个彩色控制点，将该点的有效范围调整为如图所示的大小，然后对亮度做亚暗处理

第三步　在相片右上角处添加一个彩色控制点，以压暗这一片树林的影调

将鼠标移动至炊烟处单击，再次添加一个彩色控制点，然后调高亮度、反差、饱和度

第四步　在炊烟处增加一个彩色控制点，并对亮度、反差、饱和度都做增强处理，以突出炊烟的色彩和反差

将饱和度滑块拖至 77，以增强整体色彩饱和度。为了突出傍晚日落时的暖色调，向右拖动暖色滑块至 25

第五步　继续在数码相片上根据需要添加多个彩色控制点，最后，进入"调整"菜单，选择"色彩"丨"饱和度／暖色"命令，将会在调板上出现"饱和度／暖色"设置选项

如果你喜欢冷色调的话，则可以向左拖动暖色滑块至 −70

第六步　如果你不喜欢暖色调，那你还可以将它调整为冷色调

尼康 CaptureNX 软件不仅可以对 RAW 格式进行调整，还可以对 JPEG 和 TIFF 格式进行调整，如果是其他数码相机拍摄的 RAW 格式，则可以先转换为 16 位的 TIFF 格式，然后再用尼康 CaptureNX 对 RAW 格式进行调整。接下来，我们再来看几个 U 点技术调整的实例。

未调整之前的原图

使用 U 点技术调整之后，色彩焕然一新

未调整之前的原图

使用 U 点技术调整之后，背景被压暗主体更突出

未调整之前的原图

使用 U 点技术调整之后，眩光消失，色彩鲜艳

8.4

使用ICC配置文件调整数码相片的色彩

数码单反拍摄的 JPEG 格式数码相片常常看起来色彩非常不好，那么有没有一种简单的方法可以迅速将其调整为鲜艳润泽的色彩呢？方法自然是有的，这就是使用 Photoshop 软件给 JPEG 格式数码相片指定 ICC 色彩配置文件。具体步骤如下：

（1）登录飞思网站（www.phaseone.com. cn）下载 CaptureOne 软件，在安装成功该软件之后，我们的电脑系统内就有了数十种数码单反的 ICC 色彩配置文件。

（2）使用 Photoshop 软件打开一张数码相片，进入"编辑"菜单，选择"指定配置文件"命令选项，将会弹出"指定配置文件"对话框，然后选择一个 ICC 色彩配置文件。

（3）将指定配件文件后的数码相片保存为网页 JPEG 格式即可。

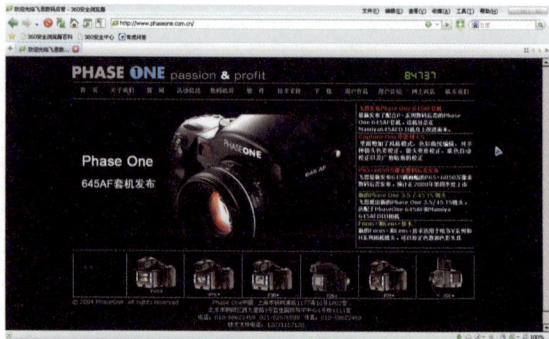

第一步　登录 phaseone 官方网站下载 CaptureOne 软件，然后安装好该软件

第二步　开启 Photoshop 软件，然后进入"编辑"菜单，选择"指定配置文件"命令

第三步　经过上一步的操作，已经弹出了"指定配置文件"对话框，此时默认勾选的是"工作中的 RGB(W):sRGB IEC61966-2.1"单选框

第四步　勾选"指定配置文件"对话框上的"配置文件"单选框，然后就可以从下拉列表中选择你所想要的色彩配置文件了

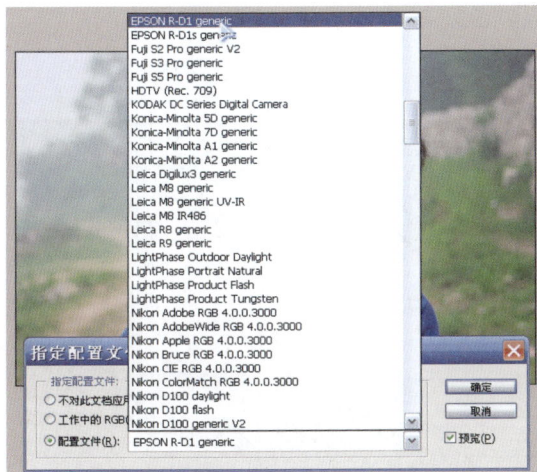

第五步　展开"配置文件"下拉列表，从中选取一种数码
相机的 ICC 色彩配置文件

这是选取了爱普生 RD1 型数码相机的 ICC 色彩配置文件之
后的色彩效果

未指定配置文件之前的 JPEG 原始图片

指定徕卡 M8 配置文件之后的效果图

指定佳能 1DsMark3 配置文件之后的效果图

指定佳能 1DsMark3 配置文件之后的效果图

最后我们再来看两张使用指定配置文件进行调色的例子，通常，徕卡 M8 和佳能 1DsMark3 这两款机型的 ICC 色彩配置文件能够有较好的色彩调整效果。

未指定配置文件之前的 JPEG 原始图片

指定佳能 1DsMark3 配置文件之后的效果图

指定佳能 G9 配置文件之后的效果图

指定徕卡 M8 配置文件之后的效果图

未指定配置文件之前的 JPEG 原始图片

指定徕卡 M8 配置文件之后的效果图

彻底掌握必备数码暗房润饰技术

本章导读

数码相片好不好，关键不仅在于拍摄，而且还在于后期处理，可以说，除了新闻摄影之外，其他各种题材的摄影都必须依靠良好的后期处理才能获得最佳效果。要想用数码单反直接拍摄出完美的数码相片，几乎是一件不可能完成的事情，在前面关于RAW格式的这一章中，我们已经深知RAW格式和RAW格式后期处理软件才是完美数码相片的根源。在本章，我们将介绍对JPEG格式数码相片的润饰技术，例如光影魔术手、iSee图片专家、美图大师就是非常实用非常简单的图像处理小软件。

9.1 光影魔术手软件的功能和使用

　　光影魔术手是目前功能最强大的网络图像处理软件,它几乎能够满足用户在互联网上发布摄影作品时的一切需要。不仅如此,光影魔术手也非常适合用于数码冲印前的图像预处理。可以说,有了光影魔术手,无论是网络交流还是数码冲印都能获得完美的图像效果。要想免费获得该软件,可以登录太平洋电脑网等网站下载,也可以登录光影魔术手软件的官方网站:www.neoimaging.cn。

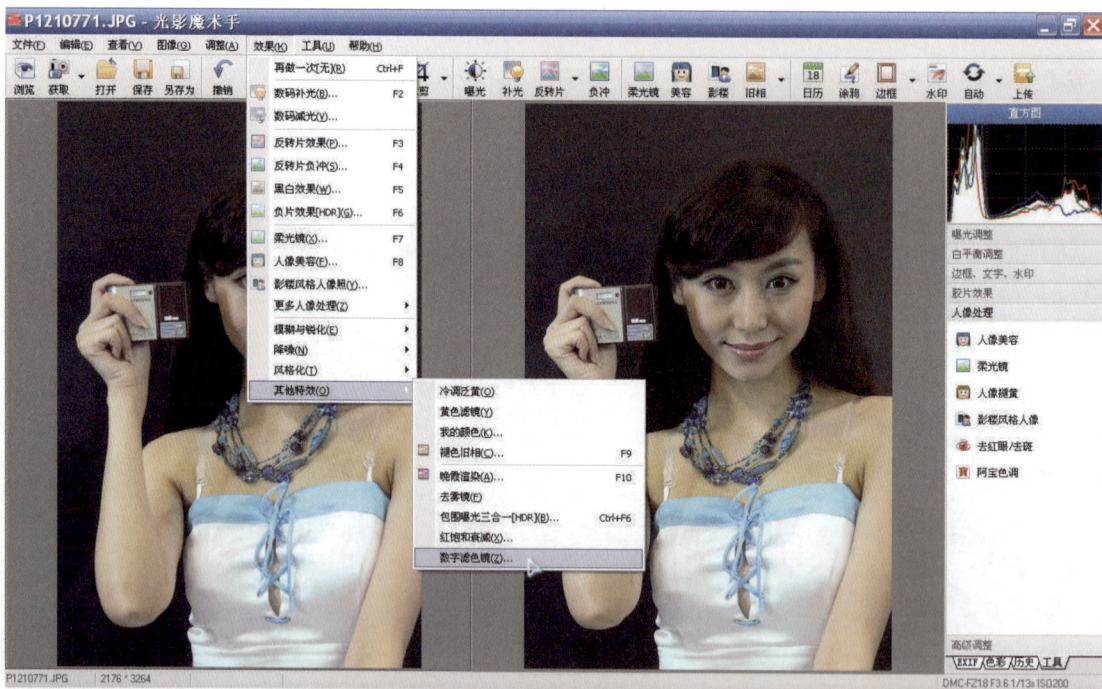

光影魔术手软件窗口界面非常简单,绝大多数功能都可以在顶部的常用工具栏或者右侧的调板上实现,我认为光影魔术手是一款傻瓜软件,只要懂得电脑的开关机,就一定能够自学掌握这款软件的使用技巧

　　光影魔术手的功能非常多,它的十个最常用功能分别如下:①可以直接打开各种最新型号数码相片拍摄的 RAW 格式数码相片;②反转片功能可以有效提高数码相片的色彩鲜锐度;③点测光功能能够快速校正曝光不足的数码相片;④白平衡一指键功能能够快速校正偏色;⑤裁剪功能可以按照多种数码冲印尺寸进行裁剪;⑥证件照排版功能可以自己 DIY 证件照,相框和日历非常丰富,增添生活乐趣;⑦人像美容、柔光镜、阿宝色调等功能非常适合爱美的女孩子处理人像相片;⑧应有尽有的色彩效果功能,例如褪色旧相、反转片负冲;⑨高级图像调整功能一个也不缺,例如色阶、曲线、通道混合器等等;⑩自动批量处理功能适合于将多张数码相片上传到互联网。

9.1.1 裁剪数码相片和制作证件照

光影魔术手的裁剪功能非常强大，可以按照多种预设的规格比例进行裁剪。同时，它的证件照片冲印排版功能也十分实用。

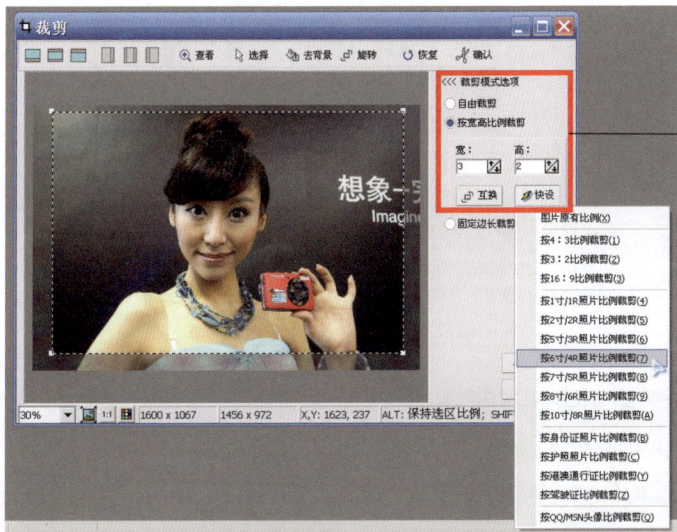

在打开数码相片后，单击常用工具栏上的裁剪工具图标或者执行"图像"|"裁剪/抠图"命令，即可弹出"裁剪"对话框

如果是为了将数码相片裁剪之后用于数码冲印，可以勾选"按宽高比例裁剪"单选框，然后单击"快设"按钮，将会弹出一个下拉菜单，你可以在其中选取一种比例裁剪规格。然后在图像区域拖拽鼠标就能创建裁剪框了，当确定好裁剪框的位置之后，单击"确定"按钮即可完成裁剪

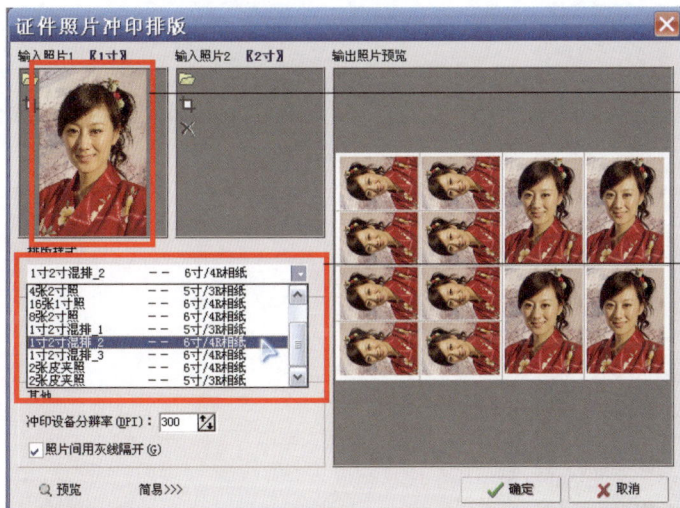

在打开数码相片后，进入"工具"菜单，选择"证件照片冲印排版"命令，即可弹出"证件照片冲印排版"对话框

双击该缩略图将会弹出"裁剪"对话框，你可以根据需要将数码相片裁剪为合适的比例和大小

在这里你可以选取一种版面排版方式，相当实用。设置完毕后，单击该对话框左下角的"预览"按钮即可在右侧窗口确认排版效果

9.1.2 校正曝光不足的相片

对于曝光不足的数码相片，我们可以使用光影魔术手的"数字点测光"功能予以快速校正。通常，对于在户外光线较充足环境下拍摄的曝光不足2～3档的数码相片都能够有较好的修复效果，但对于黄昏或者室内的曝光严重不足的数码相片，修复效果并不十分理想。很多数码单反在拍摄时，常常都会显得有些轻微曝光不足而且色彩也比较灰暗，光影魔术手正好能够予以完美的校正。

在打开数码相片后，进入"调整"菜单，选择"数字点测光"命令，将会弹出"数字点测光"对话框，然后将鼠标移动至左侧图像上不断变换位置单击，即可获得提亮数码相片的作用，有时候，常常需要尝试多次才能获得最佳效果

未经处理的原图

数字点测光功能调整后的效果图

未经处理的原图

数字点测光功能调整后的效果图

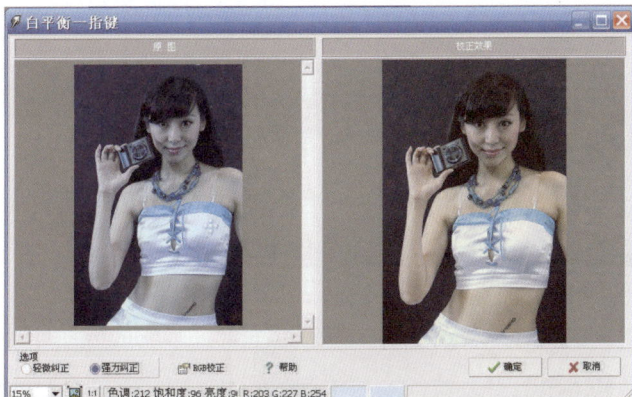

在打开数码相片后，进入"调整"菜单，选择"白平衡一指健"命令，将会弹出"白平衡一指健"对话框，然后将鼠标移动至左侧图像上不断变换位置单击，即可获得改变色彩的作用，通常，单击白色或者灰色物体能够获得最佳效果

9.1.3　校正严重偏色的相片

如果白平衡模式设置失误，则会导致出现明显的偏色；此外，在钨丝灯或荧光灯环境下即使采用正确的白平衡模式设置，也可能仍然会出现轻微的偏色。此时可以使用光影魔术手的"白平衡一指健"功能对偏色相片进行色彩校正。

在校正偏色时，如果相片上有白色或者灰色物体就比较容易校正偏色，因而在拍摄人像或者静物时，应注意在画面内安排白色或者灰色的景物。

总之，出现偏色并不可怕，只要熟练掌握"白平衡一指健"的原理就能顺利校正偏色。

未经处理的原图

白平衡一指健功能调整后的效果图

未经处理的原图

白平衡一指健功能调整后的效果图

9.1.4 制作日历和添加漂亮的边框

在网络论坛或者个人博客上分享数码相片的时候，你一定希望有些新意和趣味，那么现在就来试一试光影魔术手的日历和边框功能吧。光影魔术手不仅内置了数百种边框，而且你还可以登录光影魔术手的官方网站下载更多精美相框，非常实用。

在打开数码相片后，单击常用工具栏上的日历工具图标或者执行"工具"|"日历"命令，即可弹出"日历"对话框

作为严肃的摄影爱好者，在交流摄影作品的时候常常会使用到"轻松边框"

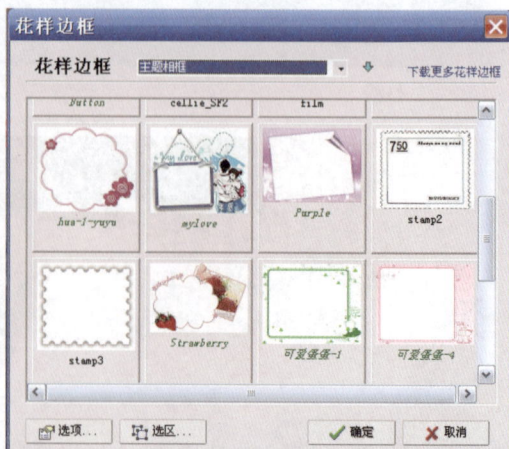

作为女孩子或者普通人，在交流自己的人像相片的时候常常会使用到"花样边框"

单击"选项"按钮，将会弹出"多图边框"对话框，在这里你可以设置数码相片的旋转方向以及边框的输出尺寸（单位为像素）

要想增加数码相片则单击"+"按钮；要想去除数码相片则单击"-"按钮。要想改变数码相匹敌排列顺序，则可以单击"→"或者"←"按钮

在打开数码相片后，单击常用工具栏上的日历工具图标或者执行"工具""多图边框"命令，即可弹出"多图边框"对话框

这种电影底片似的设计非常怀旧，在选取数码相片时应注意连贯性

使用"多图边框"功能能够制作出非常炫酷的排版效果，就好比专业的平面设计师专门为你设计的一样。在使用"多图边框"功能时，你可以在一个设计图上同时放入多张数码相片，这样就能够组成一个故事了。

"爱情电影"是比较受欢迎的多图边框

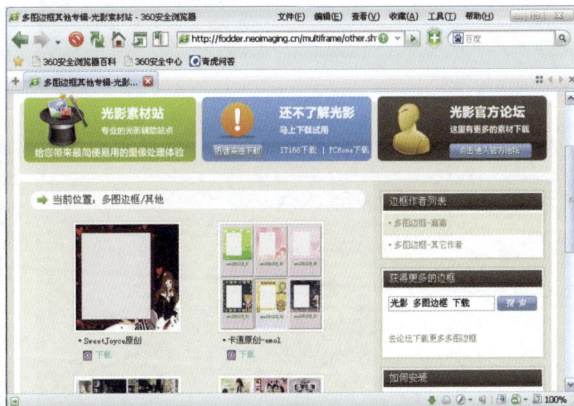

我们可以登录光影魔术手官方网站下载更多边框

9.1.5 使用反转片功能提高色彩鲜锐度

数码单反拍摄的 JPEG 格式数码相片常常显得很"灰"，色彩缺乏鲜锐度，对于这些相片，只需要使用光影魔术手软件的"反转片"调整功能即可恢复鲜亮的色彩。在使用该功能时，如果只做一次效果不理想，那就重复再做一次，直到色彩鲜亮饱和为止。

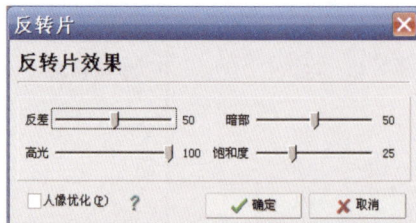

"暗部"可以控制相片的亮度，"饱和度"可以控制色彩的鲜艳度

未经处理的原图

反转片功能处理后的效果图

未经处理的原图

反转片功能处理后的效果图

未经处理的原图

反转片功能处理后的效果图

9.1.6　快速制作出流行的阿宝色调效果

　　现在影楼行业非常流行一种特殊的色彩效果：绿色的树叶变成了淡青色。这种色彩效果被称作"阿宝色调"，利用光影魔术手软件的"阿宝色调"功能能够轻易获得这种色彩效果。

未经处理的原图

阿宝色调处理后的效果图

未经处理的原图

阿宝色调处理后的效果图

未经处理的原图

阿宝色调处理后的效果图

9.1.7 批量处理数码相片和网络发布数码相片

有时候我们需要将一批数码相片都缩小到同样的尺寸，并添加同样的边框，以便于在网络论坛或者个人博客上发布。此时，利用光影魔术手软件的"批量自动处理"功能就能实现。

第一步 进入"文件"菜单,选择"批处理"命令,弹出"批量自动处理"对话框,在"照片列表"选项卡上增加需要批量处理的相片

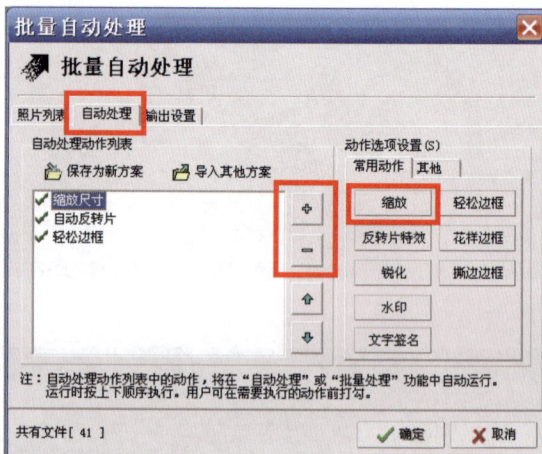

第二步 切换到"自动处理"选项卡，单击"+"或"−"按钮添加或者删除处理选项，单击右侧的"缩放"按钮将可以在弹出的对话框上设置缩放规则

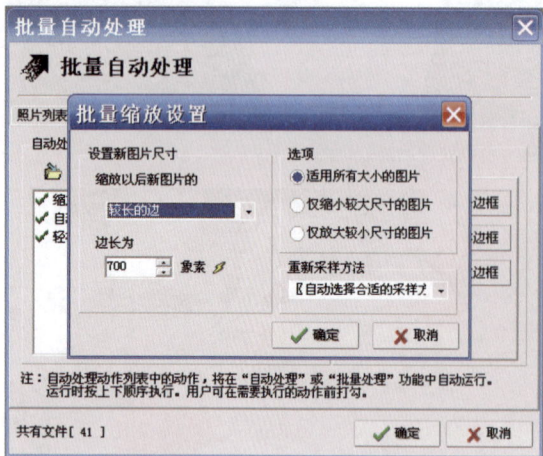

第三步 在"批量缩放设置"对话框上设置缩放规则和缩放后新图片的像素尺寸，单击"确定"按钮完成这一步

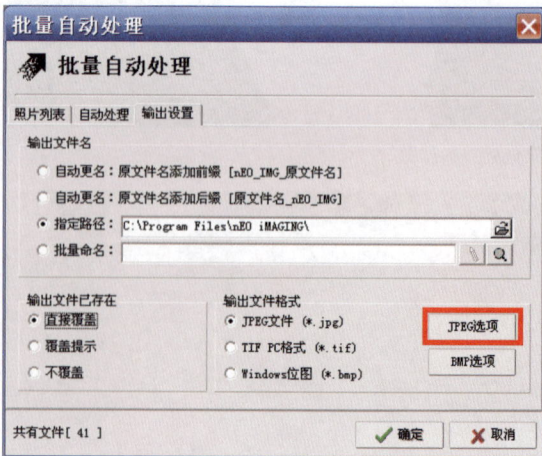

第四步 切换到"输出设置"选项卡，首先设置文件保存的路径，然后单击"JPEG 选项"按钮，在弹出的对话框上设置 JPEG 文件的相关参数

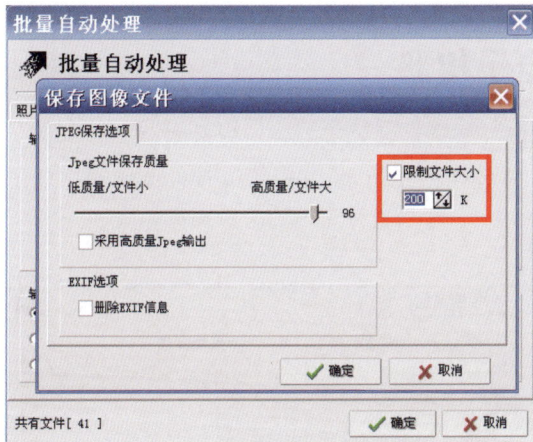

第五步　由于很多网站都限制相片的文件大小，为了使相片的文件大小符合规定，应该勾选"限制文件大小"单选框，并输入限制数量的上限值

第六步　在设置好所有相关选项之后，单击"确定"按钮即可开始批量处理，大约几十秒钟或分钟后就能将所有选中的数码相片批量处理完毕

对于喜欢数码摄影的朋友，不妨加入橡树摄影网(www.xiangshu.com)，在这里每个月都有好几百次摄影外拍或者摄影讲座等精彩活动等着你的参加，而且橡树摄影网还在全国几百个主要城市建立有摄影俱乐部和特约接待站，真不愧是摄影爱好者的理想家园

9.2

使用PhotoFamliy制作动态电子相册

如果我们将数码相片做成幻灯片的形式，在电脑上全屏放映的同时还可以欣赏你精心挑选的音乐，那无疑是非常愉悦的事情。现在，我们就来看看如何使用 PhotoFamliy 软件制作动态电子相册吧。

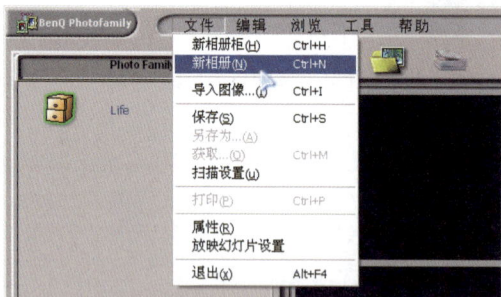

第一步 登录如下网址下载和安装 PhotoFamliy 软件：http://www.benq.com.cn/photofamily。在启动该软件后，进入"文件"菜单，选择"新相册"命令，新建好一个相册。然后，再选择"文件"|"导入图像"命令，将需要打包到电子相册的数码相片导入刚才建立的新相册

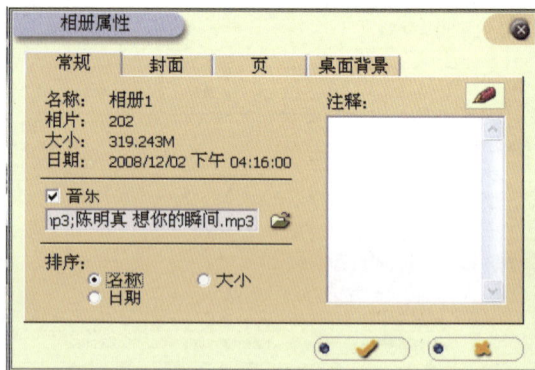

第二步 设置相册属性。进入"文件"菜单，选择"属性"命令将会弹出"相册属性"对话框，在设置好相关属性后单击"√"按钮完成这一步骤

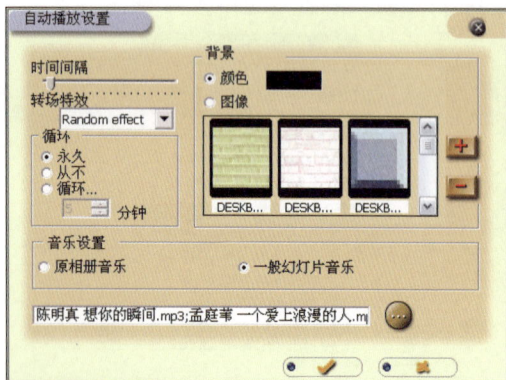

第三步 设置自动播放相关选项。进入"文件"菜单，选择"放映幻灯片设置"命令，将会弹出"自动播放设置"对话框，在该对话框上你可以设置转场特效、背景音乐等选项。设置完毕后，单击"√"按钮完成这一步骤

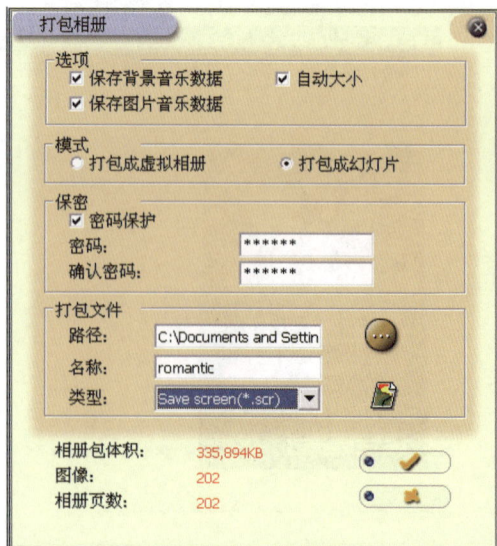

第四步 生成电子相册。进入"工具"菜单，选择"打包相册"命令将会弹出"打包相册"对话框，在设置好相关属性后单击"√"按钮即可完成全部操作

9.3 其他图像处理软件新功能介绍

除了光影魔术手这款软件之外，其实还有一些特色小软件非常值得推荐，例如经典的 ACDsee 和 TurbPhoto，当然也有最近非常流行的 iSee 图片专家和美图大师。

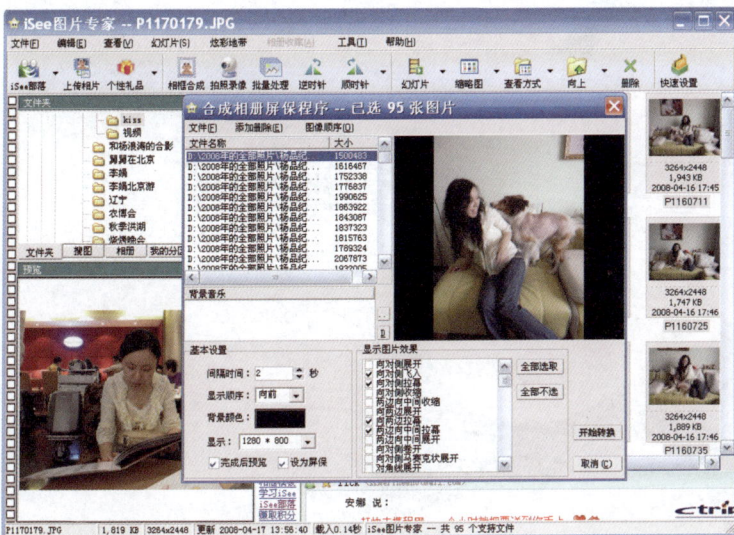

iSee 图片专家软件的主窗口界面

iSee 图片专家（www.isee-clan.com）是目前比较流行的一款面向普通家庭用户的图像处理软件，虽然它的图像处理功能不如光影魔术手强大，但是它在生成电子相册方面的功能非常出色：它可以将电子相册输出为 AVI 视频格式刻录成 DVD 视频光盘，这样就可以在电视上和远方的家人分享数码相片了；它也可以将电子相册输出为 ".exe" 或 ".scr" 文件，用于制作动态桌面或者动态屏幕保护。

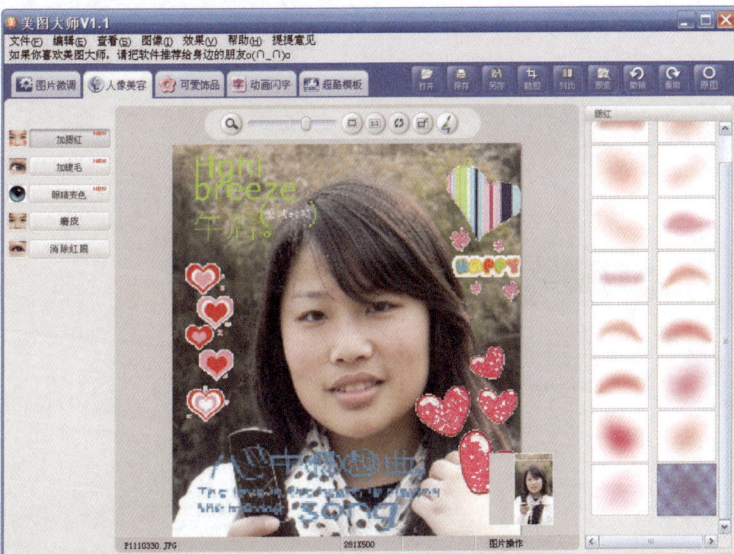

美图大师软件的主窗口界面

美图大师（www.meitudashi.com）是一款专门为爱美的女孩子设计的图像处理软件，它的最大特点就是 "动态"，它可以在相片上制作出闪动的文字效果和装饰品。美图大师主要拥有 "人像美容"、"可爱饰品"、"动画闪字"、"超酷模板" 等功能模块。例如，你可以使用 "人像美容" 功能给女孩子的脸颊上添加上可爱的 "腮红"。总之，有了这款软件，你一定会讨得更多女孩的欢心，说不定她们会更乐意做你的摄影模特。

捷宝提示

　　在温室内拍摄花卉时，为了避免手的抖动导致的模糊应尽量使用三脚架进行拍摄。

附录A　数码单反取景器中的字符的含义

左侧为佳能 EOS-50D 的取景器，其中字符的含义如下：① AE lock/AEB in-progress（自动曝光锁定 / 包围曝光）。② Flash ready（闪光灯充电完毕）。③ High-speed sync（高速同步闪光）。④ FE lock（闪光灯曝光锁定）。⑤ Flash exposure compensation（闪光灯曝光补偿）。⑥ Shutter speed（快门速度）。⑦ Aperture（光圈）。⑧ Exposure level indicator（EV 曝光标尺）。⑨ High-light tone priority（高光优先影像优化技术）。⑩ ISO speed indicator（感光度指示）。⑪ ISO speed（感光度数值）。⑫ White balance（白平衡）。⑬ Monochrome shooting（单色调拍摄）。⑭ Maximum frames in a burst（一次可以连拍的最多张数）。⑮ Focus confirmation（对焦正确完成指示）。

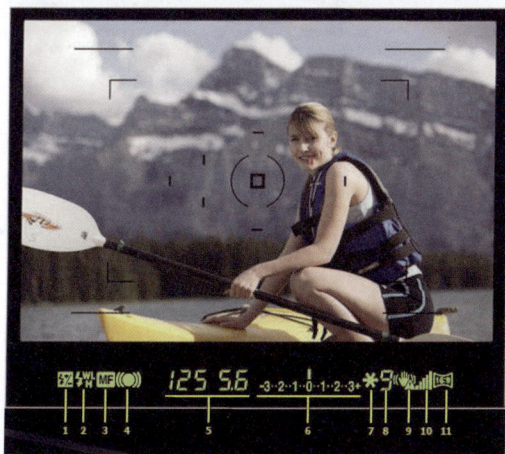

左侧为索尼 A900 的取景器，其中字符的含义如下：① Flash Compensation（闪光灯曝光补偿）。② Flash charging/wireless flash/high speed sync indicators（闪光灯充电完毕指示 / 无线控制闪光 / 高速同步闪光指示）。③ Manual Focus（手动对焦指示）。④ Focus indicator（对焦正确完成指示）。⑤ Shutter Speed/Aperture（快门速度 / 光圈）。⑥ EV scale/Exp comp./Flash comp.（EV 曝光标尺 / 曝光补偿 / 闪光灯曝光补偿）。⑦ AE Lock（自动曝光锁定）。⑧ Shots remaining counter（存储卡可剩余拍摄数量）。⑨ Camera shake warning（慢速快门抖动警告）。⑩ Steady Shot scale（防抖动功能有效指数）。⑪ Aspect Ratio 16 : 9（画幅比例）。

左侧为尼康 D300 的取景器，其中字符的含义如下：① Focus indicator（对焦正确完成指示）。② Metering mode（测光模式）。③ Auto exposure lock（自动曝光锁定）。④ Flash value Lock（闪光灯曝光锁定）。⑤ Flash sync（闪光灯同步锁定）。⑥ Shutter speed（快门速度）。⑦ Aperture stop indicator（光圈级指示）。⑧ Aperture（光圈）。⑨ Exposure mode（曝光模式）。⑩ EV scale（EV 曝光标尺）。⑪ Flash compensation（闪光灯曝光补偿）。⑫ Exposure compensation indicator（曝光补偿）。⑬ ISO/Auto ISO indicator（手动 / 自动感光度设置）。⑭ ISO sensitivity（感光度数值）。⑮ Exposures remaining（存储卡可剩余拍摄数量）。⑯ Thousands indicator（千张拍摄数量）。⑰ Flash-ready indicator（闪光灯充电完毕指示）。

附录B 最受关注和追捧的摄影镜头一览表

当你深深爱上一个人的时候你一定不会直呼其姓名，而是使用亲切的"昵称"，摄影镜头也是一样，接下来我们就来看看摄影镜头的一些昵称或者俗称。

通常，我们把价钱较便宜质量较一般的摄影镜头称之为"狗头"，而把价钱较贵质量较顶级的摄影镜头称之为"牛头"。此外，可以一镜走天涯的大变焦摄影镜头被称之为"驴头"，前苏联制造的摄影镜头被称之为"俄头"，原西德和现在的德国生产的摄影镜头被称之为"德头"，佳能的中长焦大炮镜头被称之为"白炮"，佳能的专业系列镜头被称之为"L头"，宾得的专业镜头被称之为"*头"，美能达的专业镜头被称之为"G头"，宾得的Limited限量版镜头被称之为"仙头"。

附表 B-1 最受关注和追捧的佳能摄影镜头一览表

昵称	型　　号	对焦距离（米）	微距比率	滤镜直径（毫米）	重量（克）	售价（元）
小白	EF 70-200mmF2.8 L USM	1.50	1：6	77	1310	8 700
爱死小白	EF 70-200mmF2.8 L (IS) USM	1.40	1：5.9	77	1570	12 980
小小白	EF 70-200mmF4 L USM	1.20	1：5	67	705	4 920
爱死小小白	EF 70-200mmF4 L (IS) USM	1.20	1：5	67	760	8 240
绿豆	EF 70-300mmF4.5-5.6 DO IS USM	1.40	1：5	58	720	9 470
大白	EF 100-400mmF4.5-5.6 L(IS)USM	1.80	1：5	77	1360	10 750
塑料痰盂	EF 50 mmF1.8 Ⅱ	0.45	1：6.7	52	130	680
大眼睛	EF 85mmF1.2 L Ⅱ U	0.95	1：9	72	1025	13 880
百威	EF 100mmF2.8 Macro	0.31	1：1	58	600	3 680
霸王枪	EF 400mmF2.8 L U IS	3.00	1：6.7	52	5300	59 770

佳能的中长焦专业镜头简称"白炮"

凡是带有红圈的佳能镜头都是 L 系列专业镜头，简称"L 头"

附表 B-2 最受关注和追捧的尼康摄影镜头一览表

昵称	型　号	对焦距离（米）	微距比率	滤镜直径（毫米）	重量（克）	售价（元）
小胖	AF-S VR 200mmF2 G[IF] ED	1.90	1：8.1	52	2900	30 800
小钢炮	AF 80-200mmF2.8D ED	1.50	1：5.9	77	1300	6450
小竹炮	AF-S VR70-200mmF2.8G IF-ED	1.50	1：5.6	77	1470	12 800
小纸炮	AF-S VR70-300mmF4.5-5.6G IF-ED	1.50	1：4	67	745	3450
牛广角	AF-S 14-24mmF2.8G ED	0.28	1：6.7	内置	1000	11 500
金广角	AF-S 17-35mmF2.8D IF-ED	0.28	1：4.6	77	745	10 150
银广角	AF 18-35mmF3.5-4.5D IF-ED	0.33	1：6.7	77	370	3500
钻石广角	AF 20-35mmF2.8D	0.50	N/A	77	585	6000
碧玉刀	AF 28mmF1.4 D	0.35	1：8.3	72	520	25 000

附表 B-3 最受关注和追捧的其他品牌摄影镜头一览表

昵称	型　号	对焦距离（米）	微距比率	滤镜直径（毫米）	重量（克）	售价（元）
小黑	适马 AF70-200mmF2.8 II DG Macro	1.00	1：3.5	77	1385	5990
大黑	适马 AF100-300mmF4 APO EX DG/HSM	1.80	1：5	82	1440	8450
大大黑	适马 AF300-800mmF5.6APO EX DG/HSM	6.00	1：6.9	46	5880	53 400
小 G	索尼 AF 70-200mmF2.8 APO G(D) SSM	1.20	1：5	77	1340	11 900
多情环	索尼 135mmF4.5 STF	0.87	1：4	72	730	9670

索尼 135mmF4.5 STF 是一款具备散焦调节环的专业人像摄影镜头，它能够形成非常独特美丽的虚化效果，被众多人像摄影师视为极品镜头，它也拥有一个极为好听的昵称"多情环"

适马 AF70–200mmF2.8DG Macro 是一款微距能力非常突出的长焦变焦镜头，它的最近对焦距离仅为1米，微距比率达到了 1：3.5。此外，这款镜头在和 2 倍增倍镜头搭配使用时，微距比率甚至超过 1:2

附录C 数码摄影常见疑难问题解答

问：佳能相机上的"Err99"、"Err01"等错误都是怎么回事？怎么解决呢？

答：通常，佳能相机上常常会莫名其妙的出现"Err01"或"Err99"故障，这常常并不是数码单反真的出现了故障，要想解决这个问题，只需要将摄影镜头取下来，清洁一下镜头卡口上的金属触点，再重新将摄影镜头安装到机身上，即可恢复正常拍摄。如果这样做也无济于事，那就恐怕是出现了快门损坏等故障，此时，需要及时将机器送到维修站报修。

在摄影镜头的卡口附近有一排金色的金属触点，这些触点用于和机身传递信息，如脏污，则会无法连通机身

问：我需要色彩管理吗？什么样的显示器可以满足色彩管理的需要？

答：如果你从来都不和印刷厂打交道，那我认为你完全没有必要做系统的色彩管理。如果你只是想校正显示器的偏色，那你可以购买校色蜘蛛这样的硬件进行精细调整。如果你想要在显示器上准确无误地模拟出纸张印刷的色彩效果，则首先你必须购买一款符合 AdobeRGB 色域空间的液晶显示器；如果你的经济非常宽裕，你还可以考虑选购一款质量更好的达到或超过 NTSC 色域 100% 的液晶显示器。

校色蜘蛛能够快速校正显示器的色彩

从色域范围来说，纸张所能显示的色域最小，普通显示器的色域比纸张印刷稍微要大一些，但由于纸张和普通显示器的色域有一些不重合的空间，因而在显示器能够看到的一些颜色在纸张上是无法印刷出来的；反之，在显示器上显示不出来的颜色常常却能够在纸张上印刷出来。

现在有了符合 AdobeRGB 和 NTSC 色域规格的高档液晶显示器，这种液晶显示器的色域就完全包含了纸张的色域空间，因而可以用于在显示器上模拟纸张印刷的效果，这对于专业印刷非常实用。

色彩管理是一项系统工程，绝非是把显示器的色彩校准这样简单，所幸的是，也许我们很多人一辈子也不会接触到印刷，因而也不需要色彩管理。

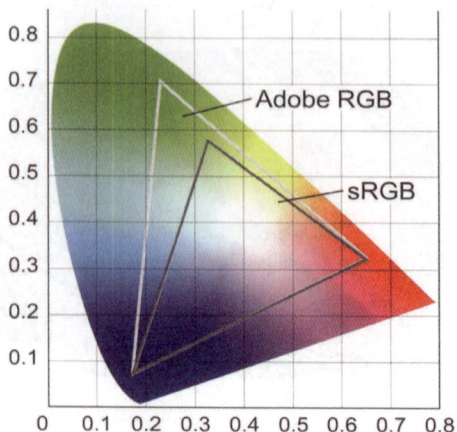

AdobeRGB 色域空间比 sRGB 要大，符合 AdobeRGB 色域空间的液晶显示器能够用于专业的广告设计以及印刷打样工作

问：为什么在使用闪光灯拍摄的时候常常会按不下快门？

答：这是因为闪光灯在闪光之后，需要约几秒钟的时间充电（这被称之为回电时间），然后才可以进行下一次闪光。在闪光灯充电的间隙，是无法释放快门的。对于专业外置闪光灯来说，其回电时间通常不到一秒钟，这有利于抓拍。但电池性能不好时回电时间也会较慢，为了更好的使用闪光灯连续拍摄，应该使用性能较好的新电池。

问：什么是六寸数码全景照片？

答：六寸数码全景照片也被称之为"4D"相片，这是数码冲印商家为了满足4:3规格的数码相片完整的冲印为六寸相片所设置的规格。如果我们将一张4:3规格的数码相片送去数码冲印店冲晒为一张六寸（4R）的相片，则你会发现有些内容被裁剪了。六寸数码全景相片（4D）的尺寸是6x4.5英寸，而六寸（4R）数码相片的尺寸是6x4英寸。

问：什么是点测光？有什么用处？

答：点测光就是数码相机只针对画面中心极小面积范围进行测光，这在胶卷相机时代是非常有用的，它有助于获得精确的曝光，进而避免采用包围曝光法浪费胶卷。但是，由于数码相机所见即所得的特性（而且根本不用考虑浪费胶卷和金钱的问题），如果曝光失误，是可以立即作出曝光补偿的设置的，因此，点测光在数码摄影时代几乎没有任何实际使用价值。通常，我们将数码相机的测光模式设置为智能分区测光即可获得最佳效果，如果出现曝光失误，那就采用曝光补偿予以修正。

点测光能够在一些特殊场合实现精确测光，但很不常用，建议最好不要使用

问：为什么摄影镜头也有快慢之分？何为快镜头？何为慢镜头？

答：由于摄影镜头的最大光圈直接决定了在弱光下的快门速度，因而摄影镜头也有快慢之分。例如，在室内拍摄时，18-55mmF3.5-5.6在长焦端使用最大光圈拍摄时的快门速度为1/8秒，而50mmF1.4在使用最大光圈拍摄时的快门速度为1/125秒，明显可见前者的快门速度比后者要慢许多，因而前者被称之为慢镜头，后者被称之为快镜头。简单的来说，光圈较大的摄影镜头就是快镜头，光圈较小的摄影镜头就是慢镜头。

问："狗头"真的很差吗？如何最大限度发挥"狗头"的潜力？

答：价格低廉的摄影镜头常常被称之为"狗头"，其实，除了极个别"狗头"的成像质量真的很差以外，绝大部分"狗头"其实都有很好的潜质。尤其是将"狗头"缩小两档光圈使用时，所拍摄的相片和专业镜头几乎没有什么大差别。"狗头"通常都会比专业镜头的反差和色彩饱和度弱一些，但这些都是可以利用图像处理软件予以校正的。

致谢

一本真正出色的数码摄影教程绝对需要大量精美的数码照片，辽宁省摄影协会徐荣昌（老黄牛）、马希斌、东北风摄影网资深版主周成贵、顾莎莉（红色蜻蜓）、可爱淘JOJO、毛燕鸿（绯色小剑）、李娟、著名网络摄影大师鹰渡寒潭、著名数码后期大师李晓谭、网易论坛图游天下版主随风（徐耀军）、洪湖市教育工会主席杨从明、洪湖市实验小学老师杨悦来、洪湖市教研室叶朝炎老师、《南方都市报》记者黄懿、《新女报》摄影记者冯金鲁、网易数码资深评测工程师胡兴来、肖世杰、洪湖市钟爱一生影楼肖新树（小树）、橡树摄影网总版主秋风、橡树摄影网荆门俱乐部主席龙鳞、橡树摄影网生态版版主童叔叔、橡树摄影网宣传部长吴明立、橡树摄影网秘书长飞凡、汤长明（梓树园）、橡树摄影网生态版特评王先国、咸宁学院艺术系孙颖君老师、重庆电子职业学院青年教师李柏林、张亚玲、重庆师范大学影视传媒学院青年教师杨琪、浙江海洋大学文仕江、浙江林业学院吴荣彬、四川美术学院王德杰、小洁（左岸春天）、《光明日报》记者刘红英、《照相机》执行主编吴登富、《电脑报》资深编辑老狼、枪火、锐意网步兵、《马云创造》的作者杨艾祥、《中国摄影报》记者曹旭、田京辉、刘彬、《人民摄影报》记者巩明、《宜昌电视台》记者胡晓慧、陈婷、吕文超、李艳英、杨未冰、钟卫东、云中絮（陈雁）、菲儿、姚全、苏琼、张丘、温世晓、杨晶、蓝雨派、医生张、秋雨忆江南、土著数码农民、太阳水、daniel、猪龙入水、漓江闲云、梓风、涉过留影、飘石、禾木村民、木头、南昌丹顶鹤、Ricky、Steven、顾珊、阳江中进电脑公司徐志中（阳江男孩）、重庆师范大学张昆、丁三丰、邯郸在线三眼鱼、熊枭、叶娜、山村野人、张莉、张毓栋、范毅欧、王雪、胡晓颖、王健、孔令辉、蔡伟雄、肖剑涛、鱼摆摆等均为本书提供了不少精美数码照片。

特别需要感谢的是，富士公司的奚卓萍、杜爱宣以及嘉利公司（富士的公共关系代理公司）的孙蔚、周佳巍、天雨流芳公共关系公司总经理付新华、媒介总监徐少虹以及赵爽、隋一宁、马晓薇、雷雪的很多建议和帮助，三星公司的王英坤女士、宾得公司的马晓华，也为本书的编写提供了数款数码相机试用，有了他们的支持，这本书才能更贴近时代主流，才能更全面，更适应各种数码相机用户。

在写作这本书的过程中，著名摄影家茹遂初，安佑忠，蒋铎，江西省摄影家协会名誉主席宫正，湖北省摄影家协会主席樊德寿，广东省摄影家协会名誉主席胡培烈，江苏省摄影家协会秘书长沈遥，内蒙古摄影家协会副主席刘春风，山东省摄影家协会副主席田凤仙，上海市摄影家协会联络部主任曹建国，安徽省摄影家协会乐卫星，湖北省摄影家协会副主席史建文，浙江体育摄影学会副主席钱月明，杭州明珠书画院名誉院长涂勇，山东省摄影家协会副主席荆强，安徽省摄影家协会副主席凌军，北京市摄影家协会副主席李英杰，福建省摄影家协会副主席陈扬坤，重庆师范大学影视传媒学院院长李明海，洪湖市摄影家协会王欣主席，阳江市摄影家协会曾林开主席，阳江移动通信公司吴刚总经理，阳江籍著名摄影家袁丹心，梁文栋，阳江市阳东县文联陈其琛副主席，浙江财经学院教授朱清宇，《大众摄影》杂志社社长陈仲元，《大众DV》杂志主编吴砚华，《大众摄影》杂志主编郑壬杰，CCTV中央数字电视摄影频道制片人孙蓓红，《照相机》杂志总编周刚，《影像视觉》主编杨松，《数码先锋》杂志主编李哲，四川在线首席IT记者王亮，《中国摄影》主任记者李欣，《DVChina》杂志主编吕尚伟，腾讯网产经中心总监林明军，著名IT评论家方兴东，著名IT记者刘韧，《计算机应用文摘》执行主编刘晓，《数码摄影》杂志编委刘宽新，中国摄影资料网CEO唐朝，东森校园CEO温质铭，迅雷在线韶亚军，PChome总编春卷，中关村在线执行总编小春，太平洋电脑网数码频道主编贺磊，温州创意摄影器材有限公司董事长陈庆元，重庆师范大学摄影学教授卓昌勇，IT168总编英姐，搜狐网资深编辑蔡京通，新华社记者田发伟、吴启海、张毅、李复生、周焱、郑俭、杨光平、傅大志、王东峰，橡树摄影网创始人兼CEO豪哥及其夫人海鱼儿，都给予了作者很多关心和指导，在此深表致谢。

这本书的问世与腾讯网（QQ.COM）科技频道主编李立宏的策划和督促是分不开的，同时，中国电力出版社的编辑花费了大量的时间和精力指导本书的编写工作，在此一并致谢。

畫意攝影

相依

拍攝于丙戌年
伏月修改作圖
于戊子年夏

画意摄影是数码摄影时代的一个大胆创新。作者通过对拍摄对象的理解，借鉴各类画作的特点，应用计算机软件对图像进行二次创作，赋予作品绘画的意境。本书旨在帮助读者扩充思路，增加创作灵感。

发现摄影之美

中国电力出版社读者服务卡

非常感谢您选择中国电力出版社的图书，您的支持是对我们工作最大的肯定！请对我们的图书提出宝贵的意见和建议，以帮助我们不断提升图书质量，继续推出更符合读者需求、更实用、品质更高的计算机与艺术设计类图书。

返回此服务卡后，您将成为"电力IT图书读者俱乐部"的正式会员，并有权参加内容丰富的俱乐部活动，获得优惠的购书折扣，并享受到我们最新的图书出版信息。谢谢！

▶ 可立即至中国电力出版社网站http：//www.cepp.com.cn，填写本服务卡，请反馈至E-mail：ma_shouao@cepp.com.cn

姓名_____性别_____学历_____

职业_____职称_____

年龄 □10～20　□20～30　□30～40　□40以上

工作单位_____

电子邮件_____邮政编码_____

通信地址_____

联系电话_____手机/小灵通_____

您经常阅读哪种类型的图书：

□操作系统 □数据库 □网络/通信 □程序设计/软件开发 □嵌入式/硬件接口

□工业设计 □Web设计 □自动化 □图形图像与多媒体 □电子技术 □其他_____

您对中国电力出版社计算机类图书印象最深的几本图书是：

_____

_____

本书书名：《数码单反摄影轻松入门》

您对本书的评价：

_____

_____

您认为计算机类图书的价格定位在多少合适？_____

您最希望我们出版哪些内容的图书？

□操作系统 □数据库 □网络/通信 □程序设计/软件开发 □嵌入式/硬件接口

□工业设计 □Web设计 □自动化 □图形图像与多媒体 □电子技术 □其他_____

您希望成为我们的作译者吗？

您准备编写的图书名称：_____

您可以翻译的图书类型（从事的专业或研究方向）_____
_____

您推荐引进出版的_____

您的其他建议_____

地址：北京市三里河路6号中国电力出版社有限公司（100044）

电话：010-58383409　　E-mail：ma_shouao@cepp.com.cn

新书查询、网上购书、售后资讯下载、读者俱乐部最新动态，敬请访问www.cepp.com.cn